跟55位 名人

学

家风家教

王占伟 著

中国纺织出版社

图书在版编目（CIP）数据

跟 55 位名人学家风家教 / 王占伟著 . -- 北京：中
国纺织出版社，2019.10
ISBN 978-7-5180-4805-2

Ⅰ . ①跟⋯ Ⅱ . ①王⋯ Ⅲ . ①家庭道德—中国 Ⅳ .
① B823.1

中国版本图书馆 CIP 数据核字（2018）第 050014 号

责任编辑：邢雅鑫 责任校对：寇晨晨 责任印制：王艳丽

中国纺织出版社出版发行

地址：北京市朝阳区百子湾东里 A407 号楼 邮政编码：100124

销售电话：010 － 67004422 传真：010 － 87155801

http://www.c-textilep.com

官方微博 http://weibo.com/211988771

三河市宏盛印务有限公司 各地新华书店经销

2019 年 10 月第 1 版第 1 次印刷

开本：710×1000 1/16 印张：13

字数：141 千字 定价：39.80 元

前言

对于中国人来说，有家就有家教、家风。从世族大家文字化的家训、家谱，到普通老百姓父母长辈的一言一行，虽然各家的家教、家规形式不同，但所传递的都是一个家族或家庭的道德准则、行为规范和价值取向。良好的家教、家风是一个家族或家庭必不可少的精神文化，代表着一个家族或家庭的"三观"，同时也塑造着孩子的"三观"，是孩子成长成才的指路明灯，影响着孩子的品质和未来。

俗话说，没有规矩，不成方圆。重视家庭教育，是我国自古以来的优良传统，而现在，家庭教育更是成为社会上越来越热点的话题，它直接影响着孩子的前途，同时也关系着社会未来的发展与进步。科学、先进的家庭教育和家风传统，培养出来的是身心健康、思想独立、意志坚定、品德高尚的孩子，这样的孩子既支撑着家族或家庭的进步与未来，更是促进社会稳定、和谐发展的栋梁之材。

家庭是孩子的第一所学校，父母是孩子的第一位老师，有什么样的家庭、家教、家风，往往就会形成什么样的做人态度、处世风格。一个在好的家教家风中成长起来的孩子，也必然可以获得好的发展。有时我们与一个人相处，很快就可以感受出对方的文化水平、做人修养，这些多半都与家庭的影响、家教的方法、家风的承继有关。

当人们感慨"养子易，教子难"时，说明已经意识到家庭教育的重要性。同是活泼可爱的小天使，为何有的孩子出类拔萃，有的孩子却平庸无奇？关键就在于家庭教育的不同。教育孩子是父母一生的事业，如果你也想成为成功的父母，培养出优秀的孩子，就要多向成功的父母借鉴经验，学习他们的家教家风，然后从家庭生活的点滴之中培养孩子的好习惯，挖掘孩子的天赋，修正孩子的品行，磨炼孩子的意志，通过正确的引导，让孩子在未来可以有所建树，成为一个对社会有价值的人。

本书选取了55位古今中外名人的教子案例，通过阅读这些故事，让我们看到那些曾经叱咤风云、推动着历史车轮向前发展的重要人物都是怎样教育子女的，从而为今天的父母们奉上一套科学、实用、有效的亲子教育方法，帮助他们从孩子的智力、个性、思维、意志等诸多方面努力，最终将孩子培养成才。

法国教育家爱尔维修曾说："即使很普通的孩子，只要教育得法，也会成为不平凡的人。"希望你的孩子，通过你的教育，也可以成为一个不平凡的人。

王占伟

2018 年 12 月

目　录

第6章　左手规矩右手爱，把握教育孩子的"度"

第7章　鼓励孩子在逆境中充实和丰富自己

第1章

以爱育爱，
唤醒孩子爱的情感

用爱心帮孩子告别自卑
——法国总统戴高乐和女儿安妮

戴高乐是法国军事家、政治家、外交家，法兰西第五共和国的创建者、法国人民心中的"民族英雄"。

1928 年，戴高乐的妻子伊冯娜在怀孕即将分娩时，不幸遭遇了车祸，当场昏死过去。在医生的极力抢救下，伊冯娜才转危为安。不久之后，他们的小女儿安妮匆匆来到了世上。可是，由于伊冯娜在治疗过程中使用了大量药物，致使安妮一出生便成了一个弱智迟钝的孩子。这对于戴高乐和妻子伊冯娜来说，无异于一个晴天霹雳。

要养育一个这样的孩子，会占去父母很多的时间和精力，而戴高乐平时工作又很繁忙，这让伊冯娜很内疚。但戴高乐对妻子说："不是安妮自己要来到这个世界上的，是我们两个人的责任，所以我们要让她在这个世界上获得真正的幸福。"

从那以后，戴高乐对女儿极尽疼爱，认真地呵护着她一天天长大。每天饭后，戴高乐都会牵着她的手到花园中散步，给她讲故事、唱儿歌、表演哑剧。小安妮虽然不会说话，但在高兴时，也会像其他正常的小孩子一样，欢快地笑出声来，而爸爸是唯一能让她笑起来的人。

安妮一天天长大了，遗憾的是，她的智力却一直停留在两岁左右的水平，只能说几个简单的单词，走路也颤巍巍的，不过，戴高乐一如既往地爱着小安妮，只要有时间，就跑回来陪她。

第二次世界大战爆发后，法国沦陷，戴高乐带着他的军队浴血奋战。一天晚上，戴高乐的驻地遭到敌军的轰炸，安妮受到了惊吓，从床上爬起来大喊着跑了出去。戴高乐和妻子急忙跑出去把安妮抱回到床上。戴高乐就坐在床边，轻轻地拍着安妮的背，安慰着她。在父亲的安抚下，安妮又慢慢进入了梦乡。

"二战"结束后，戴高乐被法国人民推选为法国临时政府主席，入住爱丽舍宫，妻子伊冯娜和女儿安妮也一并住了进来。虽然工作比以前更加繁忙了，但每次忙完公务后，戴高乐都会回家陪伴女儿。为了逗女儿开心，唱歌跑调的戴高乐还经常会为女儿唱上一支歌！

作为一个天生智障的孩子，安妮在父亲的爱护下，一直很快乐地成长着。遗憾的是，在安妮即将过 20 岁生日时，不幸因感冒引发了肺炎，离开了人世。

安妮的去世，让戴高乐十分悲痛。不过，戴高乐对女儿的爱并没有结束，他将原本准备留给女儿的别墅改建为一家收容院，用来收容那些智力残障的儿童。平时一有空，戴高乐还会到收容院里当义工，将对女儿的爱转移到了这些弱智儿童的身上。

<<< 家教家风感悟

当得知自己的孩子智力有问题时，对于每个父母来说，都如同一个晴天霹雳，难以接受。而接下来，一些父母可能会将孩子"藏"起来，害怕外人知道自己的孩子智力有问题；或者忽略孩子，不想在这样的孩子身上浪费时间。这些对孩子来说都是极其不公平的！

任何一个孩子，不论美的、丑的，还是聪明的、愚笨的，都是一个个独特的生命，都值得拥有父母的爱和尊重。在孩子的成长过程中，如果父母给予孩子的教育和引导不够恰当，比如重男轻女、对孩子要求过高、经常打击孩子等，都有可能使孩子产生自卑感。而人的先天生理遗传因素，如智力的高低、相貌的美丑、身材的高矮胖瘦等，也可能会引发孩子的自卑心理，让孩子感觉自己不如别人优秀、不如别人漂亮，进而对自己消极失望，对一切丧失信心。

自卑的孩子，往往表现为胆小、怯懦、自卑、沉默，不善于交际，缺少朋友；活动能力差，进取心不强；经常回避群体活动，等等。如果孩子的自卑心理不能很好地得到缓解，对他们的成长是十分不利的。

有一句教育名言说："要让每个孩子都抬起头来走路。"而"抬起头来"，也就是对自己、对未来、对所要做的事情充满信心。当一个孩子能够昂首挺胸、大步前进时，在他的心里就会有诸多积极的潜台词，如"我能行！""我并不比别人差！""我是最棒的！"……如果孩子能够以这样的心态去学习和生活，未来通常不会太差。

当然，要让孩子拥有这样的心态，父母的爱和正确的培养是必不可少的。如果你也想培养出一个自信、快乐的孩子，那不妨向法国前总统戴高乐学习一下家教方法，用爱心帮助孩子告别自卑，驱散心中自卑的阴霾。

1. 给予孩子无条件的爱

缺少阳光，万物就不能生长；缺乏爱，孩子的精神人格就不能健康地发育和成长。是爱让孩子来到这个世界，而爱也是孩子能够健康成长的重要因素。

德国著名社会学家、哲学家和心理分析学家埃里希·弗洛姆，曾对无条件的爱和接受给出了这样的定义："无条件的爱和接受是指坚定地爱和接受某个人，而不取决于当时的条件。"为了培养孩子健全的人格，父母要学会无条件地去爱自己的孩子。只有获得这种爱的孩子，才会从内心深处感受到幸福，从而能够更好地接纳自我，充满自信地与别人相处，对生活充满热爱。

相反，如果你对孩子的爱只表现在孩子带给你的欢乐甚至"面子"的时候，这就属于有条件的爱。在这种情况下，孩子通常难以感受到自己是被爱的，甚至会加重自卑感。当一个人感到深深的自卑时，他的精神活动就会受到束缚，聪明才智和各种能力就会受到严重压抑。

2．及时肯定和赞扬孩子的行为

孩子自信心的建立，主要来源于外界的认同和赞赏。孩子的某些行为如果得到了外界的肯定，他的自信心就会由此大增。所以，当孩子表现出一些良好的行为时，父母一定要及时给予肯定和赞赏。孩子在获得父母的认可后，也会更乐意、更自信地去做更多的事情，勇敢接受更多的挑战，以获得更多的肯定，其自卑心理也会逐渐被打败。

3．适当降低对孩子的要求

很多孩子之所以自卑，一个重要原因就是父母对他们的期望和要求过高了，比如要求孩子次次考试都要全班第一、要求孩子钢琴比赛拿大奖，等等。一旦孩子没能达到父母的要求，就会遭到批评、指责。长此以往，孩子每做一件事，在潜意识中都会对自己做出否定："我做得肯定不能让妈妈满意""这次我估计还是考不好"，而这种自我否定又会加重孩子的焦虑。

要想让孩子远离自卑，父母就要客观地看待孩子，不要对孩子要求太高，更不要奢求孩子能完美地做好每件事。多给孩子一些鼓励，努力发现孩子在做一些事情过程中哪怕一点点的进步和一点点值得肯定的方面，从而一点点地增强他的自信心。我们这样做就是要让孩子懂得：做该做的事，并努力把它做好，这就是成功，也是对自己最好的肯定。

和孩子成为亲密的朋友
——台湾著名作家刘墉的"驭儿术"

著名作家、教育家刘墉有一对子女，儿子刘轩毕业于美国哈佛大学，现在事业非常成功；女儿刘倚帆毕业于美国常春藤盟校哥伦比亚大学，同样非常优秀。

在刘轩和刘倚帆眼中，父亲刘墉虽然对他们要求严格，但更像是一位亲密的朋友。有一次，刘轩正在练琴，刘墉听了一会儿，忽然发现他有个音弹错了，就马上过来要求刘轩改正。可刘轩坚决说自己没有弹错，怎么都不肯改。刘墉一生气，就拍了刘轩的头一下。父子俩的关系甚至因此僵了起来。

第二天，刘墉拿起儿子的琴谱一看，发现原来是琴谱上标错了，自己昨天错怪了刘轩。刘轩放学回来后，刘墉赶紧放下父亲的架子，拿出 5 元钱给儿子说："对不起，我发现你的琴谱上有错误，所以昨天并不是你弹错了。我错怪你了，这是赔偿给你的精神损失费。"

刘轩一听，接过父亲递过来的 5 元钱，然后又从自己的口袋里掏出 2 元钱递给父亲，说："爸爸，这是我找给您的。您昨天打得不够痛，5 元钱太多了，不应该物超所值。"

刘墉接过儿子递过来的 2 元钱，父子俩都笑了。一场误会就这样愉快地化解了。

对女儿的教育，刘墉会宽松许多，会鼓励她自己管理自己的生活。有时夜里两三点，女儿刘倚帆还在听音乐，刘墉只是提醒她一句，便不再强加制止了。第二天，女儿睡不醒，哈欠连天地去上课，自然一天都没精神，听课效率也低，以后慢慢就意识到了生活规律的重要性。

平时，刘墉对女儿也很尊重。当女儿一个人在楼上时，刘墉上楼找她时都会故意加重脚步，想让女儿听见。对于这种做法，刘墉的解释是："孩子大了，总要有一些自己的秘密。她可能在上网，也可能在写日记或者跟男生打电话。家长和孩子之间都应该有一些私密的空间，只有相互尊重，生活才能更自由轻松。"

为了能与孩子们成为朋友，陪伴孩子们成长，刘墉也很"与时俱进"。比如，他在闲暇时会学习一些孩子们世界里的新事物，如上网聊天、滑旱冰、穿破洞的牛仔裤，甚至还学着孩子们的样子，染各种颜色的头发。

<<< 家教家风感悟

每一个成长中的孩子，都会出现各种各样的问题，表现出各种各样的需求，在这个过程中，如果父母总是扮演成一个专制的统治者，用"强权"去管教孩子，其结果就是孩子越来越叛逆、越来越难管教。相反，如果父母能够放低姿态，用对待"朋友"的态度去对待孩子，帮助孩子适应和解决成长过程中的各种问题，孩子也一定会回馈给父母更大的惊喜。

不过，要当好孩子的"亲密朋友"并不是一件容易的事，尤其是面对孩子身上一些让你"看不惯"的状况时，如果你急于按照自己的观点去纠正，或者指责孩子，就会令孩子反感，甚至激发逆反心理。

此时，聪明的父母会让自己保持冷静、客观，不用独裁、专制、居高临下的姿态去对待孩子，而是用平等、真诚和朋友般的态度与孩子交流沟通、探讨问题。这样孩子才愿意向父母吐露心声，也愿意更好地与父母"合作"。

1. 在尊重孩子的基础上爱孩子

任何教育都应该在尊重孩子的基础上进行，重视孩子的自主权，允许孩子自己做决定，自己独立解决问题。这就要求父母不能总以"爱"的名义，强迫孩子按照自己的意愿和要求去做事，而应考虑孩子的想法，尊重孩子的意愿，把自己与孩子摆在平等的位置。

当孩子与父母有了不同的意见时，有些父母就认为"小孩子，懂什么"，进而全盘否定孩子的意见。这会很打击孩子的积极性，慢慢地，孩子也会关闭心门，不再与父母交流了。这时，父母再想了解孩子的想法就难了！

著名教育家陶行知曾说："我们必须学会变成小孩子，才配做小孩子的先生。"这句话放在父母身上同样适用。我们不要总以自己的身份去压制孩子，伤害孩子的自尊，而应用民主、平等的态度去对待孩子。如果父母做错了，也要能够像刘墉一样，放下架子，勇于向孩子认错，这样的父母反而更容易获得孩子的尊重和认同。

2. 与孩子之间建立互相信任的关系

父母与孩子之间的相互信任，是教育好孩子的重要保证。如果彼此不能信任，就会使亲子互动出现抵触和矛盾，直接影响到教育的质量。这就要求父母在与孩子相处时，学会用真诚、正直的行为去获得孩子的信任。

比如，刘墉在教育女儿的过程中，就给予了女儿很多信任。女儿半夜三更不睡觉，他也不会像很多父母一样，对孩子责骂呵斥，而是在提醒孩子后，便将决定权交给孩子，由孩子自己做决定。

所以，当孩子到了一定的年龄，我们就应该给予孩子一定的信任和空间，让孩子学着自己安排生活。这样不但能让孩子在学习和生活中自由发挥潜能，学会对自己的行为负责，还会对父母充满感激，同时也愿意向父母敞开心扉，与父母变成知心朋友。

3. 赏识孩子的看法和建议

与孩子相处时，我们经常会碰到孩子就某些问题发表看法。孩子的这些看法在大人看来也许很幼稚，但我们千万不要因此而驳斥孩子，甚至嘲笑孩子，否则就会扼杀孩子的思考力，打击孩子的积极性。

孩子能够提出自己的观点，表明他在思考和探索。如果我们能用赏识的态度对待，并适当给予赞许和引导，不仅能强化孩子的思考能力，而且孩子也会在父母的赏识中获得被尊重感。

接纳孩子，欣赏孩子
——董竹君的家教秘籍

董竹君曾是上海贫民区里一个黄包车夫的女儿，但后来凭借非凡的勇气、才华和智慧，创立了上海锦江饭店，成为一名传奇女性。

董竹君为了让女儿受到高等教育，带着女儿离开家乡，独闯上海滩。即使刚开始的日子穷困潦倒，她也从没改变自己的决心，而是寻找各种机会为孩子们创造教育机会，让她们接触各种知识和先进的文化。

后来，董竹君在上海东挪西凑，创办了一家纱厂，每天忙得团团转，无奈之下只好将女儿送到附近的一家教会寄读。但每逢周末、假期，她总是会把几个女儿接出来，带着她们一起玩耍，给她们讲一些人生和爱国的道理，找进步读物给她们阅读；还鼓励她们多多接触大自然，培养开阔的胸怀。

有一次，董竹君让年仅 12 岁的女儿从上海独自乘火车到南京，给一位亲戚送一笔钱。但当孩子到达南京后，城门已经关了，孩子不敢乱花钱，就自己在城门脚下睡了一晚，第二天天亮，城门打开后才进去找亲戚。当女儿回来把自己的经历告诉母亲后，董竹君既欣慰又心疼，极力表扬了女儿勇敢、坚强的精神。

与此同时，董竹君还十分注重对女儿品德的培养。有一次，鲁迅先生在上海一所学校演讲，题目是《上海文艺之一瞥》。虽然明知 4 个女儿还听不懂，但为了让她们尽早接触先进的思想，她还是带着她们去听，并和她们一起乖乖在坐在最后一排。回来的路上，几个孩子向母亲问这问那，董竹君都耐心地解释给孩子们听。

<<< 家教家风感悟

一个懂得爱的孩子，才能学会帮助他人、关爱他人，这也是孩子迈向成熟和成功的第一步。在这个问题上，董竹君做到了。

在与几个女儿一起生活的日子里，董竹君不仅全身心地爱着她们，还用爱为孩子们营造了一个温馨安宁的家庭，让孩子们幼小的心灵有了依靠。同时，她还注意观察和发现孩子们的真正所需，从而走进孩子们的内心世界，寻找最有利于孩子的成长途径。在她的努力下，几个原本不受待见的女儿都健康、幸福地长大，并且都有所成就，成长为对社会有价值的人。

现在，越来越多的父母迷信于所谓专业的教育专家、教育学者，认为这些专家、学者提出来的理论和方法就是"教育圣经"。殊不知，没有比父母更专业的教育专家，因为父母才是最懂孩子的人，也只有父母，才能找到最适合自己孩子的教育方法。而在所有的教育方法当中，爱与关怀是教育孩子最基本的前提和最根本的原则，一切的教育都应该建立在爱与关怀的基础之上。

1．接纳孩子的一切，不论是好的还是坏的

爱孩子，以及让孩子学会爱，第一个关键词就是接纳。不管孩子是快乐的还是悲伤的、是美的还是丑的、是聪明的还是愚钝的、是可爱的还是顽皮的，我们都要无条件地接纳。

其实要做到这点并不容易。在孩子很小的时候，我们尚且能够完全接

纳，但随着孩子一天天长大，有些父母对孩子的接纳就变得有局限性了。比如，孩子考一百分时，父母很高兴，觉得孩子怎么看怎么好；孩子考试考砸了，父母立刻暴跳如雷，对孩子一通指责批评。这不是真正的接纳，而且这样做，带给孩子的也将是巨大的伤害。孩子会觉得父母爱自己是有条件的，只有自己优秀时，才能获得父母的爱。为此，孩子时刻都会担心失去父母的爱，进而无法建立起自信心和安全感。在这种环境下成长起来的孩子，心里想的往往都是讨好、欺骗，又怎么能懂得去爱别人呢？

真正的接纳，是接纳孩子的一切，不管是好的还是坏的，不管他的学习成绩优秀还是糟糕，也不管他是任性的、顽劣的，还是乖巧的、懂事的，我们都能够接纳。只有这样，我们才不会在孩子表现不好的时候打骂训斥、耿耿于怀，而是仍然给予孩子爱和关心，耐心地引导孩子去认识到自己的错误，并设法去弥补和改变。

当孩子看到的永远都是父母的笑容，感受的永远都是父母的爱意时，他才会在父母温暖的包容和鼓励当中获得快乐和信心，从而学着改变自己，让自己变得更好。

2. 懂得欣赏孩子的优点，哪怕是微不足道的小优点

爱的第一步是接纳，如果我们能把接纳进一步转化为欣赏，那就更完美了。

任何一个人都不是完美无缺的，作为孩子，缺点自然很多，而孩子又不善于掩饰，因此常常让父母忍无可忍。但其实，人都是希望获得肯定的，这是人性，孩子也不例外，所以，如果你懂得发现和欣赏孩子身上哪怕是微不足道的一些小优点，孩子就可能会回馈给你巨大的惊喜，比如逐渐变得合作、孝顺、更有爱心等。这一点，也是许多教育大家非常擅于使用的教育方式。

不过，在欣赏孩子的优点时要注意，一定要把孩子的优点提炼出来，也就是要具体说出孩子在哪件事上体现了这个优点。比如说孩子有爱心，

那么你可以把体现孩子有爱心的事情向孩子表达出来："今天你主动帮助弟弟整理房间，还帮他洗了鞋子，妈妈觉得你特别有爱心，给你点个大赞！"

孩子都是希望获得父母的认可和表扬的，所以你在这些具体的小事上对孩子的欣赏和表扬，其实是强化了孩子的优点，孩子也会很欣喜。

倾听比斥责更重要
——斯宾塞的教子之道

斯宾塞认为，在家庭中，父母要学会多倾听孩子的心声，这是与孩子交流的基本。在父亲这种教育理念的影响下，斯宾塞的儿子小斯宾塞从小就喜欢在吃饭时和爸爸说一些自己学校里发生的事，比如：某位同学被老师表扬了，某位同学被老师批评了；他在田野里发现了一只蝴蝶；他的同学在女同学的书包里放了毛毛虫……尽管斯宾塞有时也很忙，需要静下心来做一些事，但对于小斯宾塞的话，他从不厌烦，总是会饶有兴趣地倾听着，有时还会与儿子探讨一下。

有一天，小斯宾塞回到家后很不高兴，一副气恼的样子。斯宾塞很奇怪，就问儿子："亲爱的，你今天是怎么了？有什么不愉快的事发生吗？"

"我恨老师！"小斯宾塞忽然大声嚷起来，"我明天不要去上学了。"

斯宾塞什么也没说，只是伸出手轻轻地把儿子拉到自己身边，让他把头搁在自己的膝盖上。小斯宾塞忽然伤心地哭起来，说："爸爸，今天老师让我们写文章，我拼错了一个字，老师就当着全班同学的面大声点我的名字，还说全班只有我一个人把这个字写错，这让我难堪极了！"

斯宾塞轻轻地拍着儿子的肩膀，说："孩子，我很理解你的感受，这一定让你很难过。如果换做是爸爸，爸爸也会感到气愤和难过。"

"真的吗？"小斯宾塞抬起头，泪眼婆娑地望着斯宾塞。

"当然，没有人喜欢在大庭广众下被批评……"

得到了爸爸的倾听和理解，小斯宾塞的坏情绪也慢慢缓解了。

<<< 家教家风感悟

很多家长在教育孩子时都面临这样一个难题：随着孩子的逐渐长大，他们不仅变得叛逆、难管，有时还把自己的内心关闭起来，根本不愿意跟父母沟通，甚至连聊天都懒得聊。难道这一切真的是因为父母与孩子之间有代沟吗？

并非如此。很多时候，孩子与父母之间没话说，只是因为彼此之间不知该如何恰当地进行沟通。相信很多父母和孩子都有过这样的经历：孩子兴致勃勃地说了半天，父母却只是敷衍地点点头，简单地"嗯"一声，然后就没下文了；或者孩子刚一开口，父母马上就暴跳如雷，劈头盖脸地狠狠批评孩子一顿；或者不管孩子说什么，父母都往孩子的学习上联系，所有的话题都是孩子的"学习"……这样的沟通，都不是孩子喜欢的，自然也称不上是有效的沟通。

真正有效的沟通，应该是与孩子平等对话、平等沟通，它对孩子的教育效果也比简单粗暴的斥责更有效。有研究表明，与孩子进行朋友式的交流，是最能体现平等原则的沟通手段。然而反观现在的大多数家庭，有几个父母能做到这一点呢？大部分的父母在与孩子说话时，动不动就教训孩子、斥责孩子、否定孩子。如果孩子犯了错，那就更不得了了，迎接孩子的肯定是一场暴风骤雨般的"批评"！在这样的亲子关系中，孩子又怎么能愿意主动与父母进行沟通呢？

所以，父母应该摒弃以往那种对孩子"高高在上"的姿态，放下身段，与孩子之间建立起一种平等的关系，这样才能形成彼此之间良好的沟通。

1. 了解孩子对爱的真正需求

父母与孩子都是互相深爱对方的，但父母和孩子对爱的需求却完全不同。大多数父母都喜欢全方位大包大揽地疼爱孩子，而孩子则希望父母能成为自己的朋友。所以，父母用无私的爱去关心和保护孩子，孩子却未必领情；而孩子所期待的美好情感，又难以从父母那里获得。有些孩子甚至认为父母是用爱的借口来约束自己，这种约束在孩子看来就是一种桎梏，使孩子时时刻刻都想要反抗、挣脱，而父母却因此认为孩子不懂事理，动不动又对孩子横加指责，结果，亲子关系可想而知。

爱是发自内心的，同时也是有艺术性的。父母对孩子的爱毋庸置疑，但同时也应多考虑孩子的需求和感受。人与人之间的情感只有通过持续的交流与沟通，求大同存小异，才能慢慢达到和谐的境界。

所以，父母平时应多关注孩子的真正需求，多站在孩子的角度去思考问题，当孩子遇到问题时，哪怕是犯错了，也要先收起你的呵斥，与孩子心平气和地交流一下，让孩子说一说犯错的原因，问一问孩子是否需要父母的帮助，等等。只有这样，孩子才愿意敞开心扉，父母也才能更好地掌握孩子的真实情况，从而引导孩子正确地面对问题。

2. 少命令，多倾听；少斥责，多引导

面对动不动就命令、指责、呵斥的父母，孩子通常都避而不谈，甚至没有沟通交流的欲望。在这种情况下，父母想了解孩子的真实想法几乎是不可能的。

智慧的父母绝对不会这样与孩子沟通，相反，他们会像斯宾塞一样，先学会倾听和理解孩子，再巧妙地提出一些自己的看法，甚至拿一些孩子感兴趣的话题与孩子对话，让孩子能有兴趣和父母沟通下去。在这种情况下，孩子所感受到的是父母对自己的尊重和重视，因而也愿意与父母交流，乐于接受父母的建议。这样的沟通，孩子所获得的才是真实有效的帮助和指导，同时也能从中吸取教训，避免再次犯错。

为孩子创造良好的成长环境
——"孟母三迁"成就了孟子

"孟母三迁"的故事家喻户晓，讲的是孟子的母亲为了教育孟子成才，选择良好的环境，为孟子创造学习条件的故事。

孟子小时候和母亲住在一处离墓地很近的村舍中。每天，孟子跟小伙伴一起到墓地附近游戏取乐，甚至模仿上坟的人，在地上堆一个小土堆，在土堆上插一根小树枝，然后跪在地上磕头。

孟母一心想让孟子学有所成，成为一个有学问的人，看到儿子每天这些怪异的行为，很是震惊，感觉"此非吾所以居处子"，于是决定搬家。

不久后，孟母就把家搬到了一个集市的旁边。孟子逐渐熟悉了周围的环境，经常跑到市场里去玩耍，学着那些做生意的小商贩的样子沿街叫卖，和人讨价还价。孟母看到儿子的样子，认为这里仍然不适合孟子的成长，于是又决定搬家。

这一次，孟母把家搬到了一个学宫的附近。学宫是古代国家兴办的教育结构，相当于现在的高等学府。来到这里后，孟子被学宫里每天传出来的读书声吸引了。他经常跑到学宫门前张望，有时看着老师带着学生学习周礼，他也跟着有模有样地学起来。后来，孟子也进到这所学宫里，跟着老师学习各种知识，进步很大。孟母见了，心里十分高兴，最终就定居在这里了。

<<< 家教家风感悟

孟母深知环境对一个人成长的重要影响，因而多次搬迁，最终为孟子选择了一个最适合学习的成长环境，让孟子受到了最恰当的教育。

在孩子的成长过程中，环境的影响是非常重要的。孩子就像是一棵刚刚出土的小幼苗，而家庭、学校、社会就是土壤、空气阳光和水分，要让幼苗茁壮成长，空气、阳光、水等良好的环境因素缺一不可。如果孩子身处一个不良的环境中，就会受到不良环境的影响，身上一些优秀的品质也可能会因此而被埋没。因此，父母要想对孩子进行成功的家庭教育，就必须要为孩子创造一个有利的生活和学习环境。

1. 为孩子营造良好的家庭氛围

心理学家认为，对孩子成长最有影响力的四个因素分别是家庭、学校、同龄伙伴和大众媒体。其中，家庭被放在首位。由此可见，家庭对孩子的影响是最重要的，父母对孩子的培养作用也是其他途径所无法替代的。

在比较研究家庭环境对孩子产生什么影响中，美国心理学家鲍姆林德发现：在民主、宽松型的家庭当中，孩子的个性表现得谦逊、有礼貌、自信、乐观，待人真诚、亲切；在权威、专断型的家庭当中，孩子的个性表现得怯懦、说谎、不信任别人、内向、孤僻、性格暴躁；在放纵、溺爱型的家庭当中，孩子的个性表现得依赖性强、好吃懒做、自私蛮横、不负责任、缺少礼貌。可见，家庭环境对孩子的影响很大。

基于此，父母不仅要为孩子营造一个干净舒适的成长空间，更要营造一个快乐、和谐、有爱、民主的家庭氛围，让孩子的身心在这样的良好环境中收获健康与成长。

2. 创造适合孩子的学习氛围

在家里，父母可以为孩子专门布置一个学习的房间。房间不一定很大，但光线要充足，摆放物品不要太多太杂。这样做，是为了让孩子能有一个良好的学习环境和学习氛围，以免在学习时受到外界过多的干扰。还可以在孩子的房间内摆放一个书架，放上一些书籍，即使有些书孩子现在可能还看不懂，但在浓浓的书香氛围中，也有利于培养孩子热爱知识、追求知识的品质。

同时，家庭成员之间也要彼此关爱。如果家人之间关系不和谐，经常吵架，就容易对孩子产生心理干扰和情绪压力，孩子也会因此而产生焦虑、恐惧、厌烦等心态，难以安心学习。

3. 引导孩子学会判断社会上的是非对错

孩子的成长既会受家庭环境的影响，也会不可避免地受到社会环境的影响，而社会环境中自然是好坏因素同时存在。为了让孩子不受到社会中一些不良因素的影响，父母平时要经常与孩子探讨一些问题，引导孩子学会判断社会中的一些是非对错，并及时告诉孩子哪些做法是对的，可以学习和模仿；哪些是错的甚至是违法的，一定要远离。

父母平时也可以带孩子参加一些社会活动，既能让孩子通过这些活动慢慢学着认识社会，还可以引导孩子对活动过程中一些有意义的事进行评价，或者让孩子发表一下自己的看法等。久而久之，孩子就会明白哪些行为是值得提倡的，哪些行为是不被认可、应该避免的。

学会体察孩子的心灵
——陈景润对孩子的教育观

著名数学家陈景润有一个儿子，名叫陈由伟。当初给儿子取名为"伟"，就是希望孩子以后对人类能有伟大的贡献，可见陈景润对儿子寄予了厚望。

陈景润认为，孩子有个性，才能成为天才，那些文学家、政治家、科学家、艺术家都是靠着个性的发展才最终取得成功的。因此，陈景润在教育孩子时，非常注重民主和自由，希望孩子能够在一种自由自在的环境下成长，使孩子的思维方法更具个性。

陈由伟很喜欢搞各种研究，每次拿到新玩具时，都会好奇地把玩具一个零件一个零件地拆卸开，坐在一旁捣鼓。母亲见儿子把玩具都拆得七零八落的，很是心疼，就责怪孩子"搞破坏"。但陈景润却不这么认为，他说："孩子拆玩具说明他有好奇心，这是好事！做父母的应该支持他才对。"

在这样的家庭环境下，陈由伟从小便很有主见。上小学后，只要一放学回来，陈由伟就兴致勃勃地跟父亲谈论一些学校和学习上的事，还经常就一些问题发表一下自己的意见，每次陈景润都认真地听着，有时还给孩子当当参谋。当然，碰到陈由伟不对的地方，他也会耐心地批评、指正。

父子二人一直就像一对"忘年好友"一样，彼此信任、彼此尊重。

陈景润认为，教育孩子要因人而异，要能够走进孩子的心里，了解孩子性格和喜怒哀乐，这样才有利于对孩子进行恰当的教育，更有利于孩子的心理健康。

<<< 家教家风感悟

美国教育专家塞勒·赛维诺曾说过："每个人观察、认识问题，都会有自己的视角和立足点。身份、地位不同，所得出的结论就不同。父母与子女间的年龄悬殊、身份各异是影响相互沟通的重要原因。若父母能站在孩子的立场上考虑问题，一切将迎刃而解。"

这段话其实也在提醒父母，在教育孩子的问题上，如果父母也能换位思考，不要总用自己的威严压制、苛求孩子，不妨多站在孩子的立场上思考问题，学着去体察孩子的心灵，了解孩子真正的心理需求，这样才能更好地与孩子产生心灵上的共鸣，与孩子形成融洽的亲子关系。

那么，父母在平时教育孩子时，该怎样体察孩子的心灵呢？

1. 遇到问题不要武断地下结论

有些父母会问："怎样才能减少与孩子之间的冲突呢？"其实很简单，就是在遇到问题时，我们不依靠成人的经验武断地下结论，而是给孩子机会去尝试和表达。要知道，在成长过程中，孩子对周围的一切事物都感到新鲜和好奇，因此，孩子的一言一行，都意味着他在独立思考、积极探索，孩子的言行也都表达着他的意愿和想法。也正是在这种不断的探索当中，孩子才会不断成长。

所以，即使孩子没有按照父母的意愿去做事，父母也不要武断地认为孩子的行为就是错误的，甚至为此批评、指责孩子。而应该试着站在孩子的角度去考虑问题，理解孩子的想法和需求。当你做到这一点时，你所采取的教育方式才可能有事半功倍的效果。

2. 多用鼓励和积极性的语言

有些父母在跟孩子说话时，动不动就摆出家族的架子，"不准""不行""不许"等命令和权威性的语言挂在嘴边，殊不知，这只会引起孩子的反感，让孩子越来越不愿意与你交流。

不妨回顾一下我们自己的童年，问问自己：如果我小时候遇到类似的困惑、苦恼，我会希望自己的父母怎样对待我？就是说，把当下孩子遇到的问题放回到自己的童年，我们会希望自己的父母如何与我们交流？按照这种思路去思考问题，我们与孩子的沟通可能就会容易多了。我们一定希望自己的父母能好好与我们说话，多说一些鼓励和积极性的语言，不总是命令我们，更不要动不动就用一些禁止性、讥讽性的语言来跟我们交流。

如今我们做了父母，也应该学着去体会孩子的心理，用一些孩子容易接受的正向语言来教导孩子，并时刻注意孩子的反应和态度，调动孩子表达的欲望，这样才容易与孩子形成良好的沟通。

3. 给孩子解释和辩驳的机会

英国教育家赫伯特·斯宾塞曾说过："给孩子诉说的机会，认真倾听孩子的话语。这样，父母才能更多地了解孩子，并对孩子不正确的思想与做法及时进行纠正与引导，使孩子一直走在健康快乐的身心成长之路上。"

所以，不管孩子的一些想法和做法是对是错，我们都不要急着否定或责备批评孩子，而是先给孩子机会，让孩子为自己解释一下。当孩子说完他的理由后，你认为是正确的，不仅不能批评孩子，还要及时认同和赞赏他。即使孩子的做法是错的，你也要让孩子把话说完，以深入了解孩子的想法，然后再认真、耐心地给孩子做出全面、系统的评价与教导。

有些父母可能会说："让孩子为自己辩解，那不就是给孩子狡辩的机会了吗？"

　　并非如此。辩驳不是狡辩，也不是强词夺理，凭空捏造，而是要孩子说明事情真实的一面，这是每个人都拥有的权利，孩子也有。所以，我们不但要给孩子解释和辩驳的机会，还要让孩子明白：为自己辩驳是自己的一项权利，孩子应该学会行使和维护这项权利。只有当孩子对自己的权利有了正确而深入的认识后，他才会勇敢而坦率地使用自己的权利，未来才能更勇敢地面对人生。

时刻保持一颗童心
——丰子恺的教育原则

丰子恺是我国著名的画家、散文家、书法家和翻译家，但他更为人称道的，是他对子女的爱与教育。

丰子恺有七个子女，每个都很有出息。别看丰子恺的孩子们个个出色，在孩子们小时候，丰子恺对他们的培养却十分宽松。

丰子恺认为，童年是人的一生当中的黄金时期，孩子就应该尽情地享受自己的童年。所以，他极力反对在童年时给孩子教授太多的知识，把孩子培养成一个"小大人"。

平时，丰子恺经常说外出做事很"无聊"，如果没有很重要的事，他就留在家里陪伴孩子们。抱着孩子哄玩、喂孩子吃饭、给孩子哼小曲、画一些有趣的画逗孩子笑……总之，和孩子们特别亲近，孩子们也都喜欢跟父亲在一起玩耍。

丰子恺有一张工作用的桌子，上面有稿纸、笔砚、墨水瓶、茶壶等，都按照一定的顺序摆放得整整齐齐，丰子恺最不喜欢别人移动自己的这些物品。

然而，孩子们一爬到桌子上，就会把这些摆放整齐的物品弄得一团糟，"破坏我桌子上的构图，损坏我的器物"。他们还经常拿着自来水笔玩，把桌子和衣服上撒的到处都是墨水点；还把笔尖插到糨糊瓶里，将一瓶糨糊搞得黑乎乎的……

　　丰子恺面对这乱糟糟的场面不生气吗？那自然是生气的，"当时实在使我不耐烦，我不免会哼喝他们，夺脱他们手里的东西，甚至批他们的小脸。"但很快他就意识到这样是不对的，所以"哼喝之后立即继之以笑，夺了之后立刻加倍奉还，批颊的手在中途软却，终于变批为抚。"

　　丰子恺是个童心炽热、天真浪漫的人，即使生活艰苦，也常常能够带着孩子们苦中作乐。而且，他很能设身处地地去了解孩子，因为他自己就像一个"大小孩"。他的漫画，很多也都取材于孩子的日常。

　　有一次，丰子恺的大儿子瞻瞻要去车站附近买香蕉，并且还要"多多益善地买香蕉"。父子俩买完后，瞻瞻手里抱着香蕉，丰子恺抱着瞻瞻往家走。结果到家时，瞻瞻已经趴在父亲的肩膀上睡着了，而原本抱在手里的香蕉却早已不知去处。

　　后来，他在写到这件事时，写道："这是何等可佩服的真率、自然与热情！大人间的所谓'沉默''含蓄''深刻'的美德，比起你来，全是不自然的、病的、伪的！"

<<< 家教家风感悟

　　在教育孩子的过程中，父母能否保持一颗童心是十分重要的。只有童心未泯，才能抛开"成人""父母"等身份，从而更好地站在孩子的角度去爱孩子、理解孩子，用孩子最喜欢的方式与孩子相处。这样的亲子关系，一定不会太坏！

　　然而，对于大多数的父母来说，童心早已经是很遥远的事情了。繁重的工作、生活的压力，早已让我们远离了童心，所以当我们看到孩子因为好奇玩弄坏了东西，因为玩水、玩泥巴弄脏了衣服时，首先不会想到孩子在玩这些游戏时有多开心，而是站在大人的角度，开口便训斥孩子搞破坏、不讲卫生，破坏物品，弄脏衣服和鞋子。而对于孩子来说，原本是满怀期待地想要与父母分享自己的快乐，不想却被浇了一头冷水，内心的失望和委屈可想而知！

事实上，有时候我们教育的失败就是因为缺乏童心，总是用成年人的眼光去看待孩子、要求孩子，希望孩子听话、懂事，规规矩矩，最好能像个"小大人"一样。但孩子有他们自己的思维和想法，他们对任何事物都充满好奇、充满幻想，这些其实都是非常可贵的品质。而父母强行的压制，却让孩子过早地失去了童真。这种脱离年龄特点的教育，也很容易造成父母与孩子之间的隔阂，导致亲子关系的不和谐。

所以，在某些程度上，我们教育孩子时不妨学习丰子恺，尽可能地让自己保持一些童心童趣，学着用孩子的眼光去看待事物，也许你就会发现，原来教育也不是一件多难的事。

1. 放下父母高高在上的"架子"

在传统的中国家庭当中，主要实施的都是以父母为中心的"专制"教育方式。父母高高在上，在孩子面前永远都保持着威严，动不动就对孩子颐指气使，"不许这样""不能那样"，甚至为保持父母的权威，对孩子实施一些家庭暴力。结果，孩子要么变得胆小怕事、循规蹈矩，要么变得极其叛逆。

虽然现在越来越多的父母也意识到"棍棒之下出孝子"的做法不恰当，还是应多跟孩子沟通交流，但多数时仍然放不下自己的"架子"，难以与孩子平等相处，总觉得孩子还小，什么都不懂，就应该听父母的话，按照父母的意愿和要求成长。

父母爱孩子的心情可以理解，但同时也要明白：孩子是一个与我们平等的独立个体，拥有自己独立的思想。哪怕有时他的想法是幼稚的，甚至是可笑的，也同样值得尊重。如果是对的，父母更应该及时给予肯定和鼓励。这样，孩子才能从父母那里感受到真正的爱、平等和尊重，也更愿意与父母进行交流沟通。

2．将心比心，理解孩子的想法

丰子恺应该是十分懂得孩子的心理的，因此在与孩子们相处时，才会像一个"老小孩"一样，和他们一起游戏，想方设法地逗他们开心。

其实孩子的要求很简单，就是希望凡事能够获得父母的回应和认可。如果你不了解孩子的这种心理，哪怕你是真的为孩子好，也不见得能起到好的教育效果。

比如，下雪天时，孩子想跟小伙伴出去堆雪人、打雪仗，而你怕孩子感冒着凉，不许他出门："外面天气太冷了，出去玩会感冒的！再说了，那几个孩子都比你大，万一欺负你怎么办？"

很多父母可能都曾这样做过吧？那么孩子领情了吗？未必！不仅不领情，孩子可能还会非常失望、难过，甚至因此而哭闹不已。家里的这一方小天地虽然暖和，可怎么能比和小伙伴一起打雪仗更有趣呢？

每个孩子在思想、情感等方面都是一个独特的世界，谁能真正地理解孩子的内心世界，谁就能赢得孩子的心，取得教育的主动权；反之，就可能令孩子越来越叛逆，教育起来也越来越难。

3．参与到孩子的游戏当中

和孩子一起做游戏，参与到孩子的活动当中，是保持童心最好的方法。有些父母宁可花很多钱给孩子买一大堆的玩具，也不愿陪孩子玩一些简单的游戏，事实上，相对于那些昂贵的玩具，孩子更喜欢父母陪自己玩，因为这样会让孩子感受到来自父母的关注和爱意。所以你会发现，即使是一些很枯燥、无聊的游戏，只要有父母的陪伴和参与，孩子也会玩得特别开心。

不过，孩子也是十分敏感的，如果你在陪孩子玩时，一会儿看看手机，一会儿刷刷微博，孩子就会感受到你的敷衍，这会让孩子内心很失落，甚至觉得自己是不重要的，不然爸爸妈妈为什么一直看手机而不能专心地陪自己玩呢？

所以，在参与孩子的游戏或其他活动时，一定要和孩子一样专心、投入，不要觉得孩子小就敷衍孩子。这样不但能让孩子感受到来自父母的疼爱和关注，还可能会使孩子向父母倾诉一些自己的心里话。这些心里话，可能是平时你想问都问不出来的呢！

父母的陪伴是最好的教育
——比尔·盖茨的家教守则

比尔·盖茨是美国著名企业家、慈善家，微软公司创始人。

比尔·盖茨和妻子梅琳达育有三个孩子，大女儿珍妮弗是斯坦福大学的一名高才生，但除此之外，她还是一名国家级的马术选手。平时只要有空，她就会泡在马场中训练，因而马术水平也十分了得。

孩子这么优秀，自然与作为父母的比尔·盖茨和梅琳达是分不开的。比尔·盖茨出生在美国一个中产家庭，父亲是西雅图的一名律师，平时十分繁忙。尽管如此，他仍然尽可能地抽出时间回家陪伴孩子们，和孩子们一起阅读，一起参加学校的活动，还经常跟孩子们举行家庭聚会等。让也让盖茨体会到父亲对于一个家庭的重要性，因此在自己当了父亲后，盖茨也极其重视家庭和对子女的陪伴和教育。

与很多富豪家庭喜欢请昂贵的保姆照顾孩子不同，盖茨在很多方面都亲力亲为。比如，他可以每天很早起床，送孩子们上学；晚上只要在家，就会帮孩子复习功课，或给孩子们讲故事；而且也像他自己的父亲一样，经常在家里举行家庭聚会……

与此同时，盖茨的妻子在生下大女儿后，就辞去工作，专心在家里陪伴孩子。像许多普通的母亲一样，她不仅照顾孩子的衣食住行，陪伴孩子们做游戏、郊游等，还会每天到学校接孩子放学，准时出席孩子们的家长会。

在父亲比尔·盖茨和母亲梅琳达的悉心陪伴和以身作则的培养下，三个孩子没有半点富家子弟的纨绔之风，相反，他们谦逊有礼、热情开朗、充满爱心，在学校中也深受同学们的喜爱。

在父母的影响下，现在珍妮弗还积极投身于慈善事业，经常参加各种慈善活动，希望通过自己的力量帮助到更多的人。

<<< 家教家风感悟

父母是孩子最贴心的守护者，也是最佳的教育者，因而可以对孩子的成长和一生的发展产生极为深远的影响。在孩子们心中，他们不仅希望父母是家长，更希望父母是朋友、是玩伴，是陪伴他们一起成长、一起游戏、一起进步的知己。比尔·盖茨夫妇显然就是这样的父母，因而也培养出了那么优秀、出色的孩子。

可惜，现在大多数父母都难以做到这一点，每天只关心孩子的学习，为孩子报各种培训班，却很少关注孩子的心理和精神需求，结果也导致孩子内心匮乏，与父母难以形成良好的亲子关系。

对于孩子来说，父母的陪伴是了解、塑造、调整孩子行为的最佳方式。在陪伴孩子过程中，父母可以与孩子之间建立起亲密的互动关系和稳定的依恋关系，从而让孩子从中获得安全感，并最终形成爱的能力及良好的性格。因此，在孩子成长的不同阶段，父母都应尽可能地用心陪伴孩子成长，努力守护孩子当下的幸福和快乐。

1. 陪伴孩子要"用心"，而不是"用力"

有些父母和孩子在一起时，不是玩手机，就是刷韩剧，孩子要陪玩，也是敷衍了事，这样的陪伴不是真正的陪伴，只是在应付差事。

孩子在父母身边的时间也就那么几年，非常珍贵，所以请父母重视和孩子在一起的美好时光，放下手机、关掉电视，用心地陪伴孩子，可以和孩子一起出去散散步，陪孩子做做游戏，陪孩子聊聊天……在这个过程中，父母也可以了解到孩子的一些想法、心事等，从而更好地与孩子沟通，让亲子关系更加亲密。只要我们用心投入，孩子就一定能够感受得到，也一定会很开心。

2. 陪伴不是"监视"

一说到陪伴，有的父母可能就会说："我也在陪伴啊！我陪他写作业，陪他去上兴趣班，这不都是陪伴吗？而且我不陪都不行，他根本不好好学！"

这是陪伴吗？不是，这是监视！没有孩子会喜欢一个"监工"父母，每天时时刻刻都盯着自己，不许这样、不能那样，久而久之，孩子甚至会产生一种压抑感，巴不得父母不要再"陪伴"自己了！

良好的陪伴应该是一种彼此尊重的关系，父母给予孩子一定的自主权和选择权，可以和孩子平等地讨论问题，可以像朋友一样坐下聊聊天，也可以进行一些愉快的亲子游戏、组织像盖茨一家一样的家庭聚会等。这个过程既能让孩子感受到父母对他的爱，又能令孩子印象深刻，甚至多年后都记忆犹新。

3. 规定一个"家庭日"

如今，很多父母都需要外出工作应酬，能够有效陪伴孩子的时间很有限。而现在大部分家庭中的孩子又都是独生子女，没有兄弟姐妹的陪伴，所以很多时候只能等父母下班或休假后，才能跟父母待在一起。然而即便这样，一些父母对孩子的陪伴时间仍然很少，一会儿可能要做家务，一会儿又要接电话，还要处理家中各种大事小情……

为了避免这种无效的陪伴，建议父母们专门设定一个"家庭日"，比如选在周末的某一天。在这天，父母和孩子都尽量不安排其他事情，而是一家人在一起活动，如外出旅行、一起看电影、一起爬山等。这样不仅能让亲子关系更融洽，同时还可适时地将教育潜移默化地渗透到孩子的内心，比平时刻意地教育孩子更有效果。

第2章

尊重孩子的个性，
解放孩子的天性

给孩子自由的空间
——毕加索对女儿的培养方法

　　世界著名绘画大师毕加索有一个女儿，名叫芭洛玛。像所有的望女成凤的父亲一样，从女儿一出生，毕加索就希望女儿能沿着自己的足迹，成为世界级的绘画大师。所以，在女儿很小的时候，他就带着女儿到自己的工作室玩，让她看自己画画，还鼓励她在画布上涂抹。有客人来拜访毕加索时，毕加索也让女儿待在身边，听他们谈论绘画和艺术。

　　在父亲的潜移默化之下，芭洛玛渐渐喜欢上了绘画艺术。看着女儿的不断进步，毕加索非常开心，仿佛已经看到了女儿璀璨的未来。

　　然而，当芭洛玛到了 14 岁时，她忽然对绘画失去了兴趣，再也不想画画了。毕加索知道后，想到自己这么多年的培养将付之东流，十分失望。但他很快就想通了：孩子是个独立的人，有自己的想法和爱好，父母应该高兴才对，为什么一定要求她来按照父母的设想生活呢？

　　于是，毕加索不但没有责备女儿，反而鼓励女儿说："你有自己的兴趣和追求，我很高兴。作为父亲，我也会一直支持你！"毕加索的话让女儿很感动，她知道，自己从此再也不必背负父亲的梦想前进了。

　　上中学后，芭洛玛爱上了服装设计和珠宝设计。为了实现自己的梦想，她再一次走进父亲的画室，只是这一次，她要与父亲探讨的不再是绘画，而是关于自己在设计方面遇到的一些问题。

后来，芭洛玛通过自己的努力，成了一名颇受欢迎的服装和珠宝设计师。

<<< 家教家风感悟

每个孩子的成长，都有属于他自己的规律性。孩子喜欢什么、追求什么，并不一定要以父母的意志为意志，也不必背负着父母的梦想前进。

然而事实上，很多父母都会这样要求自己的孩子：自己是个画家，就希望孩子能"子承父业"，也成为画家；自己是个企业家，也希望孩子未来能成为一名商界翘楚，青出于蓝而胜于蓝。有些父母还把自己年轻时没能实现的梦想寄托在孩子身上：自己没能成为一名歌唱家、舞蹈家，就寄希望于孩子，希望孩子能帮自己实现梦想；自己没能出国留学，就努力攒钱，要把孩子送到国外……

但是，对孩子的想法和期望这么多、这么高，却唯独没有问问孩子，他的梦想是什么？他想要成为什么样的自己？

孩子是独立的个体，他来到这个世界上，本就应该按照自己的意愿去生活。如果父母能够像毕加索那样，用洒脱从容的心态对待孩子，给予孩子自由的发展空间，让孩子能按照自己的意愿去追求自己的梦想，那么不论是对于父母还是对于孩子，都将会是一件幸运的事。

1. 学会对孩子的梦想放手

我们也常说：多给孩子一些自由的空间。那么这个空间到底有多大？这将取决于父母的态度和行为。

很多父母都把孩子看成是自己生命的延续，希望孩子能按照自己的规划去生活，或者希望自己的人生缺憾能在孩子身上实现，将自己年轻时没能实现的梦想强加到孩子身上。一旦孩子有了属于自己的梦想，就强行制止，甚至直接扼杀。有些父母在这方面是十分固执的，认为自己是过来人，有经验，为孩子做的任何决定都是明智的、正确的。

然而，心理学家研究表明，孩子对未来世界的态度、解释方式及行为方式，是天赋、环境互相交织的结果。他们会选择那些不危及自身的探索方式，并最终使之成为自己的认知及行为模式。如果父母强行将自己的价值观加在孩子身上，不仅违背了孩子的意愿，还会令孩子成年后深受个性压抑的痛苦。

因此，父母应学会对孩子的梦想放手，不要过多去干涉孩子的梦想。如果孩子的梦想与父母的期望相悖，父母也应放弃自己的想法，支持孩子成为他自己，成为他自己喜欢的样子。

2. 为孩子营造宽松的成长环境

北欧有个小国芬兰，虽然国家不大，但科技水平、教育水平等都处于世界领先水平。在这个国家生活的青少年，综合素质排名也居于世界前列，这主要得益于这个国家先进的教育理念。

在芬兰的很多家庭，孩子都生活在一个比较宽松的环境当中，父母能够为孩子提供较为自由的成长空间，不太关注孩子是否要进入名牌大学、是否要成为社会精英，也不会为孩子设置一些硬性的指标，而是鼓励孩子的每一个梦想，相信孩子有自己的优势和潜能，而父母乐于陪伴孩子一起去追求属于孩子自己的梦想。

在这一点上，我们的父母应该向芬兰的"同行"学习一下，在孩子的成长过程中，多给孩子一些空间和选择的自由。不可否认，让孩子多掌握一些知识，多学一些经验，本来是没什么坏处的，但前提是孩子自己愿意，否则只会适得其反，不但不能让孩子按照自己的意愿发展，还可能增加孩子的压力。而有关研究发现，强大的压力会永久性地改变孩子的大脑结构，影响孩子以后的学习和记忆。因此，我们要为孩子营造自由宽松的成长环境。

3. 耐心倾听孩子内心的想法

孩子虽然年纪小，但仍然希望自己的想法能获得父母的认可，希望父母能为自己加油鼓劲儿。所以，如果你发现孩子没有按照你的期望成长，而是对某件你期望之外的事物特别感兴趣，先不要用自己的价值观和标准去衡量孩子这样做对不对，而是坦然地接受孩子的这个阶段性想法。

当孩子从父母这里获得了理解和支持以后，他也会愿意与父母分享自己的梦想和具体的计划，这时，你就能比较全面地了解到孩子的梦想。如果孩子只是一时兴起，那么你就要给予他恰当的指导和引导，让孩子明白：要实现这个目标，就要有具体而长远的打算，并且始终坚持；如果孩子并非一时兴起，而是真的对这件事物有兴趣，父母也应该大方地接纳孩子的梦想，相信孩子能够通过自己的努力，成为最棒的自己。父母的这种信任对孩子来说是非常重要的，可以让孩子不断感受到来自父母的支持和关注，进而对自己充满信心。

让孩子学会主宰自己
——宋嘉树"敢为天下先"的教子之道

说起宋嘉树，可能很多人不熟悉，但说起他的三个女儿"宋氏三姐妹"，恐怕没人不知道。

宋嘉树，字耀如，是我国近代著名的爱国人士和杰出的先锋战士。

宋嘉树共有三个儿子、三个女儿，都非常优秀。他的三个女儿：宋霭龄、宋庆龄、宋美龄，在中国近代史上都具有特殊的地位。而宋嘉树在教育子女时所表现出来的"敢为天下先"的教育理念，更是为当今父母所称道。

宋氏三姐妹成长于封建主义笼罩大地的时期。那时，宋嘉树在自己家中开辟了一块没有封建主义藩篱的田地，让三个女儿在平等、民主、先进的环境下健康成长。

大姐宋霭龄和三妹宋美龄天资聪慧，活泼开朗，在她们只有五岁时，宋嘉树就把她们送到中西女塾读书，让她们接受很先进的教育；二姐宋庆龄不像姐姐和妹妹那样锋芒毕露，所以七岁时才被送到中西女塾读书。后来，宋嘉树又先后将三个女儿送到美国接受西方高等教育，既让她们学到了先进的知识，又锻炼了她们的自主生活能力。要在人生地不熟的地方独立生活不是件容易的事，宋嘉树这么做就是为了让孩子们明白，人生的道路是坎坷的，从小就应学会主宰自己，学会对自己负责。这在当时重男轻女、"女子无才便是德"的社会大环境之下，是一件让人"大跌眼镜"的事。

与此同时，宋嘉树对孩子们的兴趣爱好也很支持。宋霭龄喜欢艺术，在音乐和表演方面很有才华。为了配合女儿的学习，宋嘉树夫妇便经常担任女儿的最佳表演"拍档"。每天傍晚时分，宋家便会传出优美的琴声和欢快的歌声，那是宋夫人在弹琴，宋嘉树和宋霭龄在进行男女声二重唱，气氛既温馨又浪漫。

就是在这种家教氛围之下，宋氏三姐妹个个眼界宽广、才智超群、思想独立，在中国历史上留下了一段佳话。这些与父亲宋嘉树"敢为天下先"的教育理念是分不开的。

<<< 家教家风感悟

宋嘉树对"宋氏三姐妹"的教育方式，在今天看来仍然十分先进，令很多父母都望尘莫及。

在任何时候，父母对孩子的教育都应建立在尊重孩子的基础之上。孩子是需要从小培养的，孩子的智力、情商等，也需要从小开发。但兴趣爱好却因人而异，通常不会因为父母的干涉、强迫而发生改变。

遗憾的是，现在很多父母在教育孩子时仍然喜欢"专制"态度，一切都是自己说了算，孩子的事全由自己控制，自己说什么，孩子听什么就行了，不允许孩子有意见，也不允许孩子有自己的兴趣爱好，还美其名曰"一切为了孩子"。

这些做法对孩子是极其不利的，孩子要么对父母产生恐惧心理，变得胆小、懦弱、没有主见；要么会产生严重的抵触情绪和逆反心理，与父母"对着干"。总之，在这种教育方式下培养出来的孩子，很难是个身心健康的孩子。

其实，父母应该明白：孩子是尚未定型的、正在成长中的人，但他们同样也有自己的想法、感情、个性，尤其具有巨大的潜能。如果你一味"压制"，势必会扼杀掉孩子的那些美好的天性；相反，如果你能给予孩子正确的引导，孩子也会将潜能发挥到极致，最终成为一个出色的人。

1. 给孩子一定的自主选择权

我们常常会有这样的体会：当自己可以决定自己的事情、有一定的选择权时，就会产生被尊重、被重视的感觉，也会很乐意去做那些自己所选择的事情。

孩子也很希望能拥有这样的权利。当然，由于孩子年纪较小，认知水平、自控能力等还不成熟，所以父母可以在一定范围内给予孩子选择权，满足孩子的自我意识和自主心理。

比如，在选择兴趣班时，可以适当尊重孩子的意愿，但要与孩子约定，一旦孩子自己选定了，就必须要坚持下来。这样既满足了孩子想要主宰自我的心理，又可以激发孩子的学习积极性，锻炼他的意志力和自控力。

2. 为孩子创设各种体验生活的机会

现在的大部分孩子，一出生就开始被父母赶着跑，上早教、上兴趣班，刚上幼儿园，又开始学英语、学舞蹈、学乐器。父母生怕自己的孩子被落下，费尽心思地让孩子学这学那，仿佛孩子的人生只有这些东西。

事实上，孩子的见识、孩子的人生体验，有时比孩子所学的知识更重要。有这样一句话说得好："一个人真正的认知，向来是与个人的亲身经历、社会经验以及客观世界紧密相关的。"同样的事情，父母告诉孩子，与孩子自己亲身去体验，感觉和效果肯定是不同的。

所以，父母不妨适当减少孩子花在各种早教班、兴趣班上的时间，多为孩子创设一些体验实际生活的机会。如果条件允许，像宋嘉树一样，将孩子送出国门也未尝不可，这样既可增长和丰富孩子的见识，开阔孩子的视野，又能让孩子通过体验生活找到自己真正的兴趣所在，从而慢慢认识自己、了解自己，进而学会主宰自己的人生。

3. 支持孩子的爱好和梦想

什么样的父母才是优秀的父母？我想应该是这样的：顺应孩子的能力和兴趣，给予孩子适当的关注和引导，使孩子身心健康，既能够把握住成功的机会，也能够忍受成功道路上的挫折和打击。能让孩子做到这一步的父母，就是了不起的父母。

在这一点上，宋嘉树做得非常到位。他不仅创造机会，锻炼孩子们的独立能力，还十分支持和尊重孩子的爱好和梦想，让孩子们从小就有了学习和奋斗的动力。

其实，青少年时期的孩子便已开始认识自己了，会问自己："我将来要做什么？"虽然还不太确定自己未来要做什么，但他们却很确定自己不愿做什么。如果父母强行把一些愿望加在他们身上，孩子的感受可想而知，一定不会太好。

有一些父母也知道应顺应孩子的兴趣和爱好，但知道并不等于接受和支持，这就容易造成父母与孩子之间的矛盾，孩子认为父母总想控制自己，父母则认为孩子不听话、不懂事。

要避免这种局面，父母就要调整自己对孩子的期望，不要总要求孩子按照自己的期望成长，而应鼓励孩子成为他自己，按照他自己的爱好和梦想去成长。当然，孩子在这个过程中可能会走弯路，这时才需要父母的引导和帮助。如果父母和孩子能够达成这样的"平衡"，那家庭教育就会变得容易多了。

兴趣是孩子最好的老师
——梁启超教子有道

梁启超被誉为"中国知识分子第一人"，也是中国近代著名的政治家、思想家、史学家、教育家、文学家，可谓近现代历史上一位"百科全书式"的人物。与此同时，他还是一位感情丰富、严慈相济的父亲。

梁启超共有九个子女，个个都是国家的栋梁之材。在《梁启超家书》中，收录了梁启超写给子女的一百多封信。在这些信件中，虽然也有对子女的教育、指导，但更多的是像朋友一样的交流和倾诉。

在教导子女的过程中，梁启超十分重视趣味教育。他在《学问之趣味》一文中写道："凡人必常常生活于趣味之中，生活才有价值。若哭丧着脸捱过几十年，那么生命便成为沙漠，要来何用？"

为此，他十分尊重孩子们的个性和愿望，自己更会很用心地观察和掌握每个孩子的特点、爱好等，然后因材施教，做到用"一把钥匙开一把锁"，同时还经常鼓励孩子们说："趣味转过新方面，便觉得像换个新生命，如朝旭升天，如新荷出水……我虽不愿你们学我那泛滥无归的短处，但最少也想你们参采我那烂漫向荣的长处。"

1927 年 8 月，梁启超的二女儿梁思庄已在加拿大基尔大学学习一年，之后便需要选学具体的专业了。当时，梁启超考虑到生物学在中国还是空白，就想让二女儿学习生物学。出于对父亲的尊重，思庄选择了生物学。然而思庄内心并不喜欢这门学科，对其也提不起兴趣，这让她十分苦恼，就向大哥思成倾诉了烦恼。

梁启超知道这件事后，很是懊悔。他赶紧写信给思庄，告诉思庄不要因为父亲的原因选择自己不喜欢的学科，而应选择自己最感兴趣的学科。在父亲的鼓励下，思庄改学了自己最喜欢的图书馆学，最终成为我国著名的图书馆学专家。

对于其他几个子女的教育同样如此，梁启超会为他们提一些建议，但最终还是会尊重孩子自己的兴趣。梁启超认为，兴趣才是最好的老师，所以一定要选择自己真正喜欢、感兴趣的专业去学习，这样才能有所成就。

<<< 家教家风感悟

爱因斯坦有句名言："兴趣是最好的老师。"这句话与梁启超的教育理念不谋而合。古人常说："知之者不如好之者，好之者不如乐之者。"兴趣对孩子的成长和学习有着神奇的内驱动作用，可以变无效为有效，化低效为高效。

然而，现在很多父母在教育子女过程中，经常以自己的人生理念和价值判断去要求子女，要么为孩子报各种兴趣班、特长班，逼着孩子学这学那，却没有好好问问孩子，他的兴趣到底是什么？要么就凭借自己的经验为孩子做各种选择，如让孩子出国深造，也不问孩子愿不愿意。如果你问这些父母："孩子喜欢这样吗？"他们可能会回答："小孩子懂什么，还不是靠大人把关！"

父母望子成龙、望女成凤的期望可以理解，但孩子在成长过程中到底要学什么、怎么学，却不能全凭父母的经验和判断来进行，还是应先尊重孩子的兴趣，弄清孩子到底喜欢什么，对什么感兴趣，然后再有针对性地培养，这样才能提高孩子学习的积极性和主动性，变被动学习为主动学习。

1. 父母要做好引导孩子叩开兴趣大门的导师

有的父母说："孩子对很多东西都感兴趣，具体对哪一样感兴趣，我也不知道，这怎么办呢？"

每个孩子都有自己的兴趣爱好点，而家庭是孩子成长的第一所学校，家庭对于孩子兴趣的形成和发展也有着重要的影响。在家庭这所"学校"里，父母就是孩子的第一任老师，所以，父母也要像梁启超教育子女那样，在生活中细心观察和发现孩子的兴趣点，然后加以正确引导和认真培养，帮助孩子叩开自己兴趣的大门。

比如，平时可以多带孩子参加一些活动，让孩子多与同龄的朋友接触、沟通，一起探讨、交流彼此感兴趣的事，拓宽孩子的知识面。也可以给予孩子一定的时间和空间，允许孩子去"折腾""破坏"，让孩子自我探索，并引导孩子动手、动脑，激发他们的兴趣和创造力，引导孩子找到兴趣点。

2. 尊重孩子，让孩子自己选择兴趣爱好

梁启超在教育子女时，十分重视每个孩子的兴趣爱好，并鼓励他们去坚持自己的兴趣爱好，做自己喜欢的事。

这其实也在提醒现代的父母，在孩子的兴趣爱好上不要过度干涉，更不要将自己的兴趣和期望强加在孩子头上。孩子是个独立的个体，有选择自己兴趣爱好的自由和权利，而且兴趣也是调动学习积极性、探索真理的重要动机。一个人只有在自己感兴趣的事物上，才会积极主动地去探索、去实践。古今中外，但凡有所成就的人物，不管是在科学技术方面，还是在文学艺术方面，都与他们对事物的浓厚兴趣分不开。

所以，父母要学会尊重孩子，允许孩子自己选择兴趣爱好。如果孩子的确在某一兴趣上比较有天赋，那么父母只需耐心培养，便有可能让孩子成为这一领域的佼佼者。

3．兴趣固然重要，但坚持同样重要

有些父母说："我的孩子对什么都感兴趣，可都是阶段性的，一段时间后又没兴趣了，这怎么办？"

兴趣固然重要，但要想在某一兴趣上有所成就，光有兴趣是远远不够的。兴趣是学习的一个起点，是带领孩子进入一扇门的钥匙，但如果孩子在通往风景的荒芜道路上轻易就放弃了，那么再好的兴趣也不能让孩子领略到最后的风景。

所以，孩子选择自己的兴趣很重要，而坚持同样重要。不论任何兴趣，孩子在实现的道路上都会遇到困难和挫折，都可能会产生放弃的念头，这时，就需要父母及时给予孩子指导和鼓励，和孩子一起克服困难，鼓励孩子勇敢面对，不要轻言放弃，从而让孩子获得自信和能量，继续朝着更高的目标努力。

尊重孩子的天性和爱好
——"京剧大师"梅兰芳的育子法则

梅兰芳是我国著名的京剧艺术大师，一生成就卓越。而在家中，他又是一位和蔼可亲的父亲，对孩子们教导有方。他能够根据孩子们的不同天赋秉性，为他们设计不同的成长成才之路，使子女们在各自的专业领域都取得了出色的成就。

那时，戏剧界流行子承父业，大多数孩子从小就像父亲一样，在戏班子里学演戏，长大后去当京剧演员。但梅兰芳却没这么做，他极力主张尊重孩子的天性和爱好，不随便帮孩子决定未来。而且，他还特别主张应先让孩子上学去学习文化知识，然后再根据孩子的个性、兴趣来选择职业。

正因为有这种教育理念，所以梅兰芳一直支持几个孩子从小到最好的和他们最喜欢的学校里学习。当然，梅兰芳也会通过日常观察和沟通来了解每个孩子不同的爱好和兴趣，并在此基础上，结合孩子的性格，帮他们选择今后生活和工作的方向。

梅兰芳的儿子梅葆琛天性沉稳，乐于思考，梅兰芳就鼓励他去学理科。后来，梅葆琛考入名牌大学建筑系，日后成了一名出色的建筑师。梅绍武聪明机敏，思维活跃，梅兰芳便将他送往美国去学习文学。后来，梅绍武成了一名优秀的翻译家。梅兰芳唯一的女儿梅葆玥，天资聪慧，性格端庄，梅兰芳便鼓励她学习教育，后来葆玥考入上海震旦女子文理学院教育系。但葆玥也一直很喜欢京剧艺术，便在父亲的鼓励下，最终成为一名京剧演员。梅兰芳的小儿子梅葆玖，从小就聪慧伶俐，且极具艺术家潜质，嗓音和形象都像是吃"京剧饭"的料儿，所以从小就多次跟父亲同台演出。在演出期间，有人就建议梅葆玖按照父亲的路子演，但梅兰芳却对儿子说："你做你的，不要犹豫。师傅怎么教，你就怎么做。"他不喜欢孩子成为自己的"复制品"，而是希望儿子能吸取众家所长。

梅葆玖后来回忆说："父亲对我的要求就是多学、多演。不管老师教什么戏、怎么教，父亲从不干涉，也从不给我改动一个字。"正因为有父亲的支持和鼓励，梅葆玖才吸取各家所长，最终成为一名极具艺术修养和独特魅力的表演艺术家。

<<< 家教家风感悟

作为一名世界闻名的京剧艺术家，梅兰芳先生的教育心得就是：从不功利性地安排孩子的未来，而是充分尊重孩子的天性和爱好，"就像尊重观众一样"，让孩子们享受探索人生的乐趣。

每个人的天性和爱好都是不同的，智慧的父母会尊重孩子的这种天性和爱好，引导孩子发挥他们的长处，这样才能培养出智慧的孩子。无疑，梅兰芳就是这样智慧的父亲，他对每个孩子的天性和性格的关注与尊重，值得我们每一个父母好好思考和学习。

1. 充分了解孩子，因材施教

我们身边有不少这样的父母：对孩子期望过高，今天与这个比唱歌，明天与那个比跳舞。孩子能力强还好，可以比出自信；能力弱的呢？恐怕是越比越自卑、越比越沮丧。

这其实就是不够了解自己的孩子，没有很好地尊重孩子的天性。每个孩子的能力不同、长处不同，如果非拿自己孩子的短板去与其他孩子的优点进行比较，那结果只会是挫伤孩子的自信心。

捷克著名教育家夸美纽斯曾指出："要像尊重上帝一样地尊重孩子。"这种教育理念与梅兰芳"像尊重观众一样"尊重孩子的理念不谋而合，都是要先充分了解孩子的天性和爱好，在此基础上适当地调整对孩子的期望值，然后因材施教，让孩子去学他适合的东西，而不是大人认为好的东西。

2. 根据孩子的兴趣爱好找准切入点，引导孩子成才

梅兰芳在教育子女时，总是能通过日常观察发现孩子的天性和兴趣爱好，然后找到最佳切入点，为孩子选择最适合他们的道路，培养孩子成才。

在这一点上，父母们是应该学习借鉴的。比如孩子喜欢数学，不喜欢其他科目，那我们就从数学知识上入手，引导孩子进行更广泛地学习，如阅读一些数学故事，可以丰富孩子的阅读量；和孩子探讨一些数学题，可以拓展孩子的思维能力；进行一些数学游戏，锻炼孩子的动手、动脑能力等。等孩子在数学方面树立起学习的自信之后，我们再鼓励孩子用优势带动劣势的方法，让孩子了解其他科目学习的重要性，从而让孩子获得全面的进步。

3. 根据孩子的个性选择最佳的教育方式

每个孩子的个性都是不一样的，有的沉稳、有的机灵，有的个性较强、有的自制力较差……父母需要根据孩子的这些不同个性，为他们选择最佳的教育方式。

比如，孩子性格比较沉稳、个性较强，那就可以让他们自己制订一些学习计划、长短期目标等，这样不但会让孩子感觉受到了尊重和重视，还会更加积极地去实现自己的计划和目标。如果孩子性格比较急躁，自控力较差，那就需要父母来协助他制订一些学习计划，并进行有效的监督或采

取一定的奖惩措施等，引导和鼓励孩子努力去完成目标。

总之，针对不同的个性特点和兴趣爱好，父母的教育方法也应有所不同。只有这样，孩子才能爆发出自身最大的潜力，在自己喜欢的方面展现出最大的优势来。

只要感兴趣，就努力去争取
——海明威巧妙引导儿子

海明威是 20 世纪最著名的小说家之一，他一生不仅著作颇丰，还多次荣获过国际大奖。

海明威有个儿子，名叫格雷戈里，从小就喜爱文学，也想像父亲一样当个作家。当他把自己的想法告诉父亲后，海明威非常高兴，他对格雷戈里说："写作是一项艰苦的劳动，不过，任何成功都是要靠自己争取的。"

然后，海明威就为格雷戈里列出了一份书单。书单上都是一些世界名著，他对儿子说："现在，你就来阅读这些作品。记住：读时要注意作者是怎样描写人物内心的，故事情节是怎样组织的……还有，不要去分析他们，悠闲地读就可以了。"

格雷戈里是个很聪明的孩子，仅仅一个夏天，他就把书单上的作品全读完了。然后海明威对格雷戈里说："你也看了不少作品了，能不能写篇小说给我看看？"

不久，格雷戈里就写出一篇小说交给海明威。海明威非常惊喜，称赞儿子说："非常好！你写得比我在你这个年龄时好多了。我认为，需要改的只有这个地方……"

说完，海明威指了指纸上的一句话："突然之间它发现自己能飞了。"

他说："你只需把'突然之间'改成'突然'就行了，用字越少越精练。"

海明威接着说："孩子，你可以得奖了。写作需要钻研、需要训练，更需要想象力。从这篇小说来看，你很有想象力。但是，写作不仅靠努力，还要靠运气，天赐的才能就像在一百万人中中彩票一样。如果你不具备这个天赋，再钻研、再训练也没有用，反而不如去钻研自己真正感兴趣的东西。"

其实，格雷戈里的这篇小说是从屠格涅夫的作品中摘抄来的，而原著中写的就是"突然"，"之间"两个字是自己抄袭时不小心加上的。海明威一下就看出了儿子的伎俩。

原来，格雷戈里觉得父亲的作家生活很轻松、很迷人，因此也想像父亲那样。可他缺乏父亲那样的天赋，而父亲却通过一件小事就指出了问题所在。后来，海明威对儿子说："你干什么都可以，只要你真正感兴趣，只要你觉得这件事值得去做，能够做出成绩来。哪怕你去观察鸟类的生态最后毫无收获，我也会支持你！而问题在于，你到底想干什么，好好想过没有？"

在海明威的启发下，格雷戈里最终毅然放弃了作家梦，转而去学医了，并最终成为一名出色的医生。

<<< 家教家风感悟

每个孩子都有自己的天赋，后天的学习和努力固然重要，但关键还是要找到自己真正热爱的目标，并为之奋斗。

海明威也许早就看出了儿子的想法，但他没有直接说破，而是通过一件小事巧妙地引导儿子，让儿子明白：写作同样是一种辛苦的劳动，何况在没有天赋的情况下，更难以有所成就。与其如此，不如关注自己真正感兴趣的事物，然后努力去争取，反而更容易获得成功。

所以，如果你发现孩子缺乏真正的兴趣爱好，或者弄不清自己到底喜欢什么、爱好什么，不妨也学学海明威，适当对孩子进行引导，帮助孩子找到真正的兴趣所在。

1. 鼓励孩子多进行尝试，少指责、多包容

当海明威听说儿子想当作家时，并没有直接否定孩子，更没有指责孩子缺乏天赋，相反，他很支持孩子，还主动为孩子开出书单，鼓励孩子去阅读、训练。

要做到这一点，其实是需要父母付出很多的精力和耐心的，因为孩子的兴趣可能只是一时的，也可能坚持一段时间后毫无进展。这时，一些父母就沉不住气了，要么指责孩子不能坚持、没有毅力，要么直接责骂孩子"笨"，打击孩子的学习积极性。

其实，孩子进行的任何尝试都是一种体验，何况不尝试，又怎么知道自己到底行不行呢？爱迪生不是也经过无数次的尝试，最终才发明电灯的吗？所以，对于孩子的要求，不妨给予理解和支持，哪怕孩子最终放弃了，也要多包容，然后再引导孩子继续寻找他真正感兴趣的事物。

2. 根据孩子的性格进行恰当的引导

性格不同的孩子，爱好往往也不同。性格外向的孩子，活力十足，一般会喜欢运动，或热衷于社交。针对这种性格，父母可引导孩子参加一些篮球、足球、舞蹈等互动性较强的集体性活动。

性格内向的孩子，往往思维缜密，善于观察和思考，可以考虑引导孩子在绘画、围棋、编程等方面多努力。

还有一些孩子，在熟悉的人面前很外向，在陌生人面前又很内向，这种孩子一般性格比较敏感，但又很善于观察，父母可鼓励孩子参与一些朗诵、演讲、主持等活动，既可面向外界，又不需要近距离地接触陌生人。

3. 多在日常生活中观察孩子

如果父母不知道孩子感兴趣的是什么，一定是没有站在孩子的角度去

好好观察生活和思考问题，因而才会自作主张地让孩子学音乐、美术等。

　　其实，如果你在日常生活中认真观察孩子，就会发现孩子的一些爱好。比如，孩子平时做得最多的，往往就是他真正爱好的，不管这个爱好是不是有些匪夷所思，如爱拆玩具、爱反驳等，都是他们的一种精神寄托。孩子爱拆玩具，说明他喜欢动手、动脑；爱反驳，并且反驳得有理有据，说明他喜欢辩论。

　　通过这样的方式来发现孩子真正感兴趣的事物，然后再恰当地引导孩子，鼓励孩子通过自己的努力去争取，孩子一定能在某些领域获得出色的成就。

唤醒孩子内心的种子
——林清玄教孩子认识自我

林清玄是台湾当代著名作家、散文家、诗人、学者。他有三个孩子，但在教育孩子的过程中，他经常对孩子们说的不是"好好学习，争取第一"，恰恰相反，他会一本正经地对孩子们说："如果你在班里考试考了第一名，就别那么努力了，往后退几步也不错！"

与那些天天被父母逼着学习，考试考不好就会被父母骂的孩子相比，林清玄的孩子们童年过得可谓轻松快乐。而且他们从来不害怕考试，因为即使考得不好，爸爸也不会生气。

有一次，刚刚上小学的小儿子在第一次模拟考试中，语文只考了61分，他有点忐忑，回家后也不敢跟爸爸说。直到林清玄问起来，他才怯怯地拿出考卷。没想到林清玄不但没生气，反而笑着摸摸儿子的小脑袋说："哇，考了61分，比爸爸强哦！爸爸小时候读书很差，考试经常考不到60分。"听了爸爸的话，小儿子才转忧为喜，紧紧搂住林清玄的脖子，亲了他一口。

林清玄觉得，孩子不一定非要考100分、考第一，他给孩子定的目标就是：考试在第七名到第十七名之间即可。如果考了最后几名，那就鼓励孩子再努力一下，争取考入前十七名；如果考到了前七名，稍稍放松一下也没关系。

至于为什么不让孩子考第一，而是在第七名至第十七名之间即可，林清玄说，在这个中间段的孩子，学习一般处于中等水平，这就会令孩子的压力小一点，生活更轻松一点，可以有精力去做一些自己喜欢的事。因为生命中除了学习，还有很多能力需要孩子掌握，比如爱的能力、抗挫折的能力、认识生命的能力、表达情感和思想的能力等。

而且林清玄还发现，成绩在这一阶段的孩子往往具有较好的人际关系，既能与第一名成为朋友，也能与最后一名成为朋友。要知道，人际交往能力也是孩子未来成功的一个必备要素，孩子具备这种能力也是很了不起的！

总之，林清玄认为，教育孩子一定要根据孩子的特点来，不强迫、不放纵，这样才能唤醒孩子内心的种子。他曾经说过好孩子与坏孩子的区别：好孩子是已经唤醒内心种子的孩子，他们认识到了自我，知道自己该朝着哪个方向努力；坏孩子还没有唤醒种子，没有认识到自我，因而还在浑浑噩噩地活着。

<<< 家教家风感悟

"孩子之间存在着很大的个体差异。父母只有认识到孩子的天性，了解到孩子独有的特点，因材施教，才会少一些困惑，多一些明智；孩子也才会少一些挫折，多一些成功。"俄国教育家斯坦丁·乌申斯基这样说。

林清玄在教育孩子的过程中，应该是深谙此道的，所以，他从不强迫孩子一定要考第一、当优秀生，相反，他甚至会主动帮孩子减轻压力，使孩子身上迸发出更多的闪光点。这种轻松的教育方式，更容易唤醒孩子内心的种子，激发出孩子更多的潜力，让孩子认识到自己的价值，从而朝着自己梦想的方向前进。

1. 因材施教，顺应孩子的个性

有一个小朋友，从小就特别"好动"，让妈妈非常操心。为此，妈妈甚至带他到医院检查，看看怎么才能让他不这么爱动。

为了帮孩子集中注意力，妈妈从孩子 4 岁开始，就送他去学武术、学书法、学绘画，希望能分散一下他那旺盛的精力，提高专注力。一次，在学武术时，这个小朋友遇到了一个很棒的小哥哥，不但会吹葫芦丝，还会吹竹笛，让他羡慕不已。从此，小朋友就迷上了乐器。后来妈妈又专门为他请了老师，在老师和妈妈的共同帮助下，这个小朋友对萨克斯、架子鼓、吉他、唢呐、葫芦丝等八种乐器都很拿手。

这就是因材施教，唤醒孩子内心种子的结果。试想一下，如果妈妈一定要强迫孩子去学那些他不喜欢的东西，在老师和父母的压力下，孩子也许能掌握一些东西，但一定不是出于主动、出于兴趣。这样，孩子内心的灵感也难以激发出来，最终可能沦为平凡，白白浪费了天生的潜力。

2. 为孩子提供个性化的教育

与大多数希望孩子学习优异、争考第一的父母不同，林清玄在教育孩子时，更注重孩子的个性化发展。他提出"第七名到第十七名"的教育理念，不一定要求孩子学习多么优秀，但更注重孩子的成长环境和个性、内心发展，更注重唤起孩子内在的渴望，而不是"填鸭式"地为孩子填塞多少内容。

这样的家风是十分难得的。试想一下，现在还有多少父母在面对孩子中等水平的成绩时能做到不急不恼，心平气和地去发现孩子的内心世界？大多数父母恐怕早就急得像热锅上的蚂蚁一样，想尽各种办法要提高孩子的成绩了吧！

正如世界上没有两片相同的树叶一样，世界上也没有完全相同的人，每个人都有自己独特的天赋和能力。哈佛大学心理学教授霍华德·加德纳博士说："每个儿童都是一个潜在的天才儿童，只是表现为不同的形式。"他在 20 世纪 80 年代提出了多元智能理论，在全球教育界引起了强烈的反响。他认为，人类的智能都是多元化的，每个人生来就有语言文字、逻辑数学、视觉空间、肢体运动、音乐旋律、人际交往、内省、自然观察八个方面的智能，但这八种智能在每个人身上都会体现出不同的组合。而且有的人可能一些智能突出，而另一些智能却相对欠缺。所以，我们要用多元化的眼光去看待孩子，引导孩子去发现自己最擅长的部分，这才是现代教育发展的方向。

　　这一观点与林清玄的教育观点不谋而合。林清玄曾说：每个孩子都是不一样的，就像植物一样，山坡地种竹笋、香蕉，沙地种西瓜和哈密瓜，烂泥巴里种芋头，不同植物适合不同的土壤，不是只有一个样子的。这个世界的悲哀，就是把所有不一样集合在一个校园里，希望教育出一样的孩子，这是个大问题。

　　作为父母，我们虽然改变不了学校统一的教育模式，但却可以在家庭教育中为孩子提供多元化、个性化的教育。如果能做到这一点，那将是孩子的幸运！

教育要解放孩子的天性
——老舍鼓励孩子自由发展

老舍是我国著名的作家，也是一位风趣幽默的父亲。

老舍先生特别喜欢孩子，也有一套自创的儿童教育观和在当时看来较为超前的教育思想。他的儿子舒乙在回忆父亲时曾说："父亲只要看到被培养成少年老成的小大人、小老头的孩子们，就会落泪，他感到这是一种悲哀。他绝不会给自己的孩子以这样的约束和教育。"

老舍特别珍视孩子天真的个性，认为这是天下最可贵的，万万不可约束，更不可扼杀。面对天真的孩子，他的天真也全出来了。有一次拜访冰心家，他和冰心的孩子们玩在了一起：孩子的小布狗熊掉到椅子下面了，他和孩子头顶头地跪在地上找。

孩子们长大后，要考大学选择专业了。在这人生的关键时刻，老舍却只安静地坐在一旁，听着几个孩子热火朝天地讨论该报什么专业。当孩子们征询他的意见时，他却说："你们说的都是外国话，我也听不懂。你们该入哪科就自己决定吧，我不参与。"最终，兄妹几人都选择了理工科，没有一人学习文学。不过老舍却很释然，他说："只要是你们自己的选择，我都会赞成。"

老舍先生一直主张自由地发展儿童的天性，维护他们的天真和活泼，满足他们的正常爱好，不要对他们过多干预和要求。为此，他还留下了四条言简意赅的《教子章程》，其中的四条分别为：

一，不必非要考一百分不可，尤其是不必门门一百分。

二，不必非上大学不可。

三，多玩耍，不要失去儿童的天真烂漫。

四，应有一个健壮的体魄。

同时，他十分反对对孩子进行"拔苗助长"式的教育，认为这是在满足大人的虚荣，而不是真正为了孩子的发育。而且方法不当，还可能超越儿童身心发展的实际水平，违反自然规律，扼杀孩子的天性。

<<< 家教家风感悟

老舍先生有一句名言："哲人的智慧，加上孩子的天真，或许就能成个好作家了。"从这句话也可以看出，在老舍先生眼中，孩子的天真、天性是多么重要！

老舍的这种家风可能会与当下许多父母的教育观点相冲突：这不就是对孩子放任自流吗？长此以往，孩子还不都如脱缰的野马一样，无法无天了？这样的孩子，将来还能有什么出息？

相信有很大一部分父母都有这种心理，为此，从孩子很小的时候开始，就对孩子严格管教，不仅为孩子报各种兴趣班，还严抓学习。至于像舒立那样考个 60 分回来，不打骂一通，孩子怎么能长教训？然而这样教育的结果，便是令一个个原本天真烂漫的孩子，变成了老气横秋的"小大人"。

教育孩子是该"拔苗助长"还是该"顺应天性"，相信父母们都心知肚明。可在面对自己的孩子时，却宁可"拔苗助长"，也不愿"顺应天性"，结果不仅孩子感受不到童年的快乐，孩子的创造力、想象力等也都遭到了破坏。

孩子的天性一是爱玩，二是富有好奇心和求知欲，这恰恰是孩子通过自己的方式在认识世界、认识自我。所以，父母应适当释放孩子的天性，允许孩子在某些方面按照自己的规律自由发展。这样成长起来的孩子，身心才会更健康。

1. 让孩子有机会释放他的天性

育人如同育树，"能顺木之天，以至其性焉尔。"就是说教育要尊重孩子的天性，让孩子自然发展。著名作家冰心也曾说："让孩子像鲜花一样自然生长。"这都是在强调孩子的"自然生长"。

那么，"自然生长"是不是可理解为对孩子不管不顾呢？

并非如此。"自然生长"在这里应理解为顺应孩子的天性：爱玩、纯真、好奇、精力旺盛、求知欲强、想象力丰富。

老舍一直强调解放孩子的天性，其实就是要让孩子有机会去玩、去探索、去发现、去想象。通过各种活动和亲身体验，丰富孩子的认知，扩大孩子的知识面。这样的教育方式，要比让孩子乖乖地坐在教室里，听老师站在讲台上滔滔不绝地讲植物、讲天气、讲科技更有意义得多。

2. 既释放孩子的天性，也要规范孩子的行为

著名教育家陶行知主张："解放孩子们的手，让他们尽情去玩；解放孩子们的脚，让他们到处去跑；解放孩子们的脑，让他们自由去想；解放孩子们的嘴，让他们随意去唱、去说。"为孩子创造一个快乐的童年，释放他们自由自在的天性，比什么都重要。

但是，尊重和解放孩子的天性，并不是对孩子放任自流。俗话说，"没有规矩，不成方圆。"只有将自由、天性与规范相结合的教育，才真正有利于孩子的身心发展。因此，在满足孩子爱玩爱闹的天性的同时，也要对孩子有相应的约束。

比如，在外面玩耍时，要让孩子遵守公共秩序，不要破坏公共设施；在家中，要让每日的饮食起居有规律，等等。这些其实都是在培养孩子的

公德心和生活习惯，与释放孩子的天性和自由并不矛盾。

3. 处理好孩子兴趣与父母要求之间的关系

兴趣是孩子认识事物和探索事物的内驱力，孩子一旦对某个事物产生兴趣，就会积极主动地去探求它。因此，父母只有尊重孩子的兴趣，才能最大限度地发挥孩子的潜能，获得最佳的教育效果。

但是，这并不是说父母就不可以对孩子提要求、有异议。特别是年幼的孩子，有时兴趣往往是一时性的，难以稳定，为此，在顺应孩子的兴趣和选择的同时，父母也要引导孩子慢慢形成比较稳定的兴趣。如果孩子的某些兴趣是不利于身心健康的，同样要给予及时纠正，甚至制止，从而防患于未然。

孩子的人生让孩子自己做主
——巴菲特鼓励孩子做自己

巴菲特是全球著名的投资商，多次登上《福布斯》全球富豪榜。

巴菲特共有三个孩子，当孩子们还很小的时候，巴菲特从没想过他们将来要做什么，这让巴菲特想起了自己的父亲。自己年幼时，父亲的言传身教让巴菲特明白，父亲更关心他个人的价值，而不是他会选择哪条道路，父亲还经常告诉巴菲特，他对巴菲特有无限的信心，巴菲特应该大胆去追求自己的梦想。

这种家教观念对巴菲特影响很深刻，所以当他有了自己的孩子时，他也自然而然地学习自己的父亲，经常给子女传递一种"你的人生你做主"的信息。在这种家教观念的引导下，巴菲特的三个孩子虽然都很聪明，但却没有一个读完大学。为此，巴菲特还经常跟孩子们开玩笑说："如果把你们三个人在大学获得的学分加起来，分数可以'凑足'一个让他们轮流使用的学位了！"

虽然都没上完大学，但这却并没有妨碍孩子们日后的发展。更重要的是，孩子们都过上了自己喜欢的生活。大女儿苏西是一家针织品商店的老板，日子过得平静而快乐；大儿子豪伊从小热衷各种农活，后来成了一位农场主，长期在美国伊利诺伊州种植玉米和大豆，甚至远赴欧洲，去参与一些全球对抗饥饿的活动；小儿子彼得则成了纽约的一名音乐家。

后来，有人问豪伊和彼得，为什么他们都没有继承父亲的事业，他们说："其实，我们和父亲做的是同一件事，我们都是在做自己热衷的事。"彼得还在自己所著的《做你自己》一书中写道："富有的家长在为子女铺路时，最常见的方式就是让他们加入到家族企业当中，或者把他们引入先辈们的成功领域当中。……这样做表面看似乎是正确的，但如果我们对这一现象深思一下，就会发现，这些表面的善意到底扮演着什么角色？这到底是孩子们的梦想，还是父亲的权威和对继承问题的考虑？他们真正的动机是帮助子女吗？还是为了跟有权威的同事进行利益交换，或者重申自己的重要性？"

孩子们都说，父亲常说的一句话是："有时你给孩子一枚金钥匙，说不好那就是把金匕首。""有能力的父母，给予子女的财产应该能够做任何事，却远远不够无所事事。"所以在巴菲特的孩子们看来，父亲给予他们的最重要的帮助不是金钱，而是对每个孩子的爱以及对他们梦想的尊重。

<<< 家教家风感悟

大家都知道"股神"巴菲特是世界上最擅长投资的人，却不知道，他对子女的教育也很特别。按照大众的思路，有这么富有的老爸，巴菲特的孩子们都应该继承老爸的财产和企业，成为新一代的投资人、企业家。可巴菲特的孩子们长大后，却都进入了和父亲完全不相同的行业。不过，他们有一点是与父亲相同的，就是都在按照自己的梦想生活。

一个人在面对自己的人生时，主动性从何而来？内在驱动力从何而来？就是来自于对人生的主人翁态度，这种态度也会逐渐内化为一个人的自立性、独立性和自律精神，从而让一个人学会对自己的时间负责、对自己的成长负责、对自己的人生负责。当一个人学会对自己的人生负责时，也就具备了对人生的掌控力，也才能真正做自己的主人，过自己想要的人生。

"股神"巴菲特显然是理解这个道理的，受年幼时自己所受教育的影响，巴菲特对孩子们的爱好、选择也都持尊重态度。虽然自己有庞大的产业，却不要求孩子们继承和发扬，而是鼓励孩子们按照自己的意愿去生活，让他们对自己的人生做主。在这种教育理念下，孩子们虽然没有像老爸那样，成为首富、大亨，但却成为了自己人生的主人。

所以，"条条大路通罗马"，在孩子的成长过程中，父母也应该借鉴一下"股神"的教育方式，把孩子当作一个独立的个体对待，尊重和理解孩子的爱好、梦想，这样才能真正成就孩子的人生。

1. 对孩子能够自己决定的事情，父母不要包办

在生活当中，有两种父母最常见，一种是对孩子完全纵容，要什么给什么，孩子想怎样就怎样，结果，孩子变得事事唯我独尊，完全听不进别人的意见；另一种父母正好相反，什么都替孩子决定，父母说一不二，哪怕错了，也坚持要孩子按照自己的要求做，结果，孩子变得没有主见、唯唯诺诺。

这两种父母都是要不得的！要知道，孩子是独立的个体，并不是父母的附属品。没有不犯错的孩子，更没有不犯错的父母，但父母不能永远陪在孩子身边，孩子总有一天要去过属于他自己的人生。所以，聪明的父母如巴菲特，对于孩子能够自己做决定的事情，就不去包办代替；对于孩子的爱好和梦想，更不会直接否定甚至扼杀。就算孩子的一些选择和决定看起来很幼稚可笑，也同样是可贵的尝试和练习。只要不是危及他人、危及社会的，都可以鼓励孩子去自己尝试，这样才能让孩子的人生更丰富、更充实。

2. 孩子的一生总要走些弯路，无需心疼

有些父母觉得，自己年轻时吃了很多苦，所以当自己有了孩子后，就

加倍地疼爱孩子，一点苦都不想让孩子吃，一点弯路也不想让孩子走。

　　这样的想法是不现实的，且不说父母不能一辈子都"罩着"孩子，当孩子有了自己的思想后，他也会想要挣脱父母的管束，想要去自己尝试。哪怕真的吃了苦、走了弯路，他也觉得值得。就像张爱玲在《非走不可的弯路》中写的那样："在人生的路上，有一条路每个人都非走不可，那就是年轻时的弯路，不碰壁，不摔跟头，不碰个头破血流，怎能炼出钢筋铁骨，怎能长大呢？"

　　父母可以陪孩子长大，但不能陪孩子一生，将来孩子总要独自面对这个世界，独自成长。所以，请允许孩子适当走些弯路，让孩子通过这些挫折学会独立、学会自主、学会管理自己、学会掌控自己的人生。

第 3 章

发掘孩子身上
最亮的闪光点

教孩子学会勇敢
——贺龙的家教观

贺龙是中国共产党领导的军事力量的主要领导人之一，中华人民共和国的元帅，为新中国的解放事业做出了卓越的贡献。而贺龙教育子女勇敢的故事，早已成为一段佳话。

有一次，贺龙的儿子贺鹏飞踢球时不小心，把腿摔断了。在医院接好后，医生嘱咐贺鹏飞要卧床养一段时间。然而，石膏绷带还没拆掉，贺龙就催儿子赶紧去上学，不要影响了功课。

身边的人见了，都说这样不利于康复，万一再出什么意外怎么办？贺龙却笑着说："哪有那么娇气？打仗的时候，战士们带着伤不也得照样上战场吗？"

贺鹏飞经爸爸这么一说，腿伤还没好，就拄着拐杖去上学了。

贺龙不仅对儿子要求严格，对女儿也不例外。

一天，女儿贺黎明顶着一头湿漉漉的头发回来了。贺龙见了，就问："你这是干什么去了？"

"去学游泳了。"女儿回答说。

"哟，是吗？那你学会了没有啊？"

"还没呢！我不敢下去，怕喝到里面的水。"女儿有点沮丧地说。

　　"那怎么行！"贺龙走过来，语重心长地对女儿说，"想学会游泳，就不能怕喝水。你要记住，不管做什么事，都一定要下定决心，敢于付出代价才行。再说了，学游泳嘛，喝几口水怕什么？胆小怕事的人，永远都不会有出息！"

　　从那以后，每次女儿学游泳，贺龙就搬个小凳子坐在泳池边监督，鼓励女儿勇敢地游，不要害怕。在爸爸的"逼迫"下，贺黎明很快就学会了游泳。

　　贺黎明 16 岁时，学校组织军事体育训练活动，她报名参加了摩托车训练班。妈妈知道后，很为女儿担心，觉得女孩子骑摩托车太危险了。贺龙却说："我觉得这个训练班很好嘛！你没听说过吗？摩托车运动是勇敢者的运动，我们的女儿去参加这项运动，做个勇敢的人，不是件很好的事吗？我坚决支持！"

　　在爸爸的支持和鼓励下，贺黎明后来成了摩托车训练班里一名出色的运动员。

<<< 家教家风感悟

　　作为老一辈革命家，贺龙本身就具有勇敢、坚定、不怕困难、不怕牺牲等优秀的品质，同时，他也深知勇敢对于一个人成功的重要作用，因而也将这种品质融入到了自己的教育观念中。

　　勇敢是一种即使心存恐惧，也要勇往直前的力量。缺乏勇气的人，在面对困难时往往就会想要退缩、放弃，最终失去成功的机会。正如歌德所言："你若失去了财产，你只失去了一点；你若失去了荣誉，你丢掉了许多；你若失去了勇敢，你就把一切都丢掉了。"

　　作为未来世界的主人，孩子需要具有勇者的气质，敢于面对一切强手，具有无所畏惧、不屈不挠的心理素质和竞技状态。因为不仅在人生的旅途中，需要用勇敢的精神去克服各种困难，在日后的学习和工作中，也同样需要用勇敢的精神去追求事业的成功。

所以，要想让孩子更好地适应未来的生活、迎接未来的挑战，父母应从小就培养孩子的勇敢精神，让孩子成为一个勇敢、坚强、不畏挫折的人。

1. 为孩子做好榜样，努力用勇敢的精神去熏陶孩子

父母是孩子的第一任老师，父母做什么、怎么做，都会潜移默化地影响到孩子，这就要求父母为孩子树立一个好的榜样，起到一个好的模范作用。这一点上，贺龙的榜样作用毋庸置疑！

比如，在遇到困难时，父母一定要沉着、冷静，不要手足无措、慌里慌张。如果父母能勇敢沉着地面对问题，孩子就会从心底感到踏实，同时也会向父母学习，慢慢变得勇敢、沉着起来。

2. 鼓励孩子多参加一些具有挑战性的活动

当得知女儿要参加摩托车训练班时，贺龙不仅没有阻拦，反而十分支持，因为他认为"摩托车运动是勇敢者的运动"，孩子需要通过各种锻炼，培养起勇敢的精神。

放到现在，估计很多父母都会反对，认为这是很危险的行为，殊不知，孩子能参加这样的活动，恰恰说明孩子很勇敢，没有被危险和困难吓倒，父母应该感到高兴才是！

一些具有挑战性的活动，对锻炼孩子的胆量十分有效。如果你的孩子胆小怕事，你最好也多带他参加一些类似的活动，如登山、游泳等，借以锻炼孩子克服困难的能力；也可以鼓励孩子走一走"勇敢者"之路，如独木桥、铁索桥等，练练孩子的胆量。还可以鼓励孩子多参加一些体育活动，如足球队、篮球队、自行车骑行队等。大部分体育活动都具有较强的竞技性，有助于增强孩子的勇气。

3. 学会放手，鼓励孩子自己去不断尝试

有时候孩子胆小、脆弱，往往都是因为父母管得太多了，在孩子很小

的时候，父母总是对孩子说："这个不能动，危险！""那个不能碰，会磕到！"……结果，孩子一次次尝试，父母一次次制止，久而久之，孩子就什么都不敢动了。

孩子总有一天要独立，要学着自己成长，既然这样，父母为什么不能学着放手呢？在保证孩子安全的前提下，鼓励孩子多去尝试各种事物，增强孩子的体验感，尽早锻炼孩子的独立能力，这样，孩子的胆子不仅会越来越大，还会越来越自信，以后遇到困难时，也会努力想办法自己去克服，而不是一直蜷缩在父母的羽翼下，当一只温室里的花朵。

让孩子做个诚信的人
——"曾子杀猪"教子诚实

　　曾子是春秋时期鲁国人，孔子的得意门生之一，也是我国著名的思想家。"曾子杀猪"是一篇流传千年的教子故事。

　　有一天，曾子的妻子要去集市买东西，他们的儿子也嚷嚷着要一起去。曾妻觉得带着孩子去麻烦，就随口对儿子说："你乖乖在家等着，我回来就杀猪炖肉给你吃。"

　　儿子最喜欢吃猪肉，一听说妈妈回来能给自己杀猪炖肉吃，顿时安静下来，乖乖地回去了。

　　等曾妻从集市回来时，刚一进门，就看见院子里已经准备好了水盆、刀子，而曾子正把一头小猪捆好，准备杀猪。他们的儿子正喜滋滋地站在一旁，看着父亲杀猪。

　　曾妻忙上前阻拦道："你这是做什么？猪还这么小，怎么能杀呢？"

　　曾子说："你忘了自己早晨怎么对孩子说的了？"

　　曾妻有点生气地说："我只是随口一说，糊弄小孩子的，你怎么能当真呢？"

　　听完妻子的话，曾子站起身，语重心长地说："在孩子面前是不能撒谎的！我们现在说一些欺骗他的话，等于是教他以后去欺骗别人。虽然你只是随口一说，哄住了孩子，但过后他知道你说谎欺骗了他，就不会再相信你的话了。这样一来，我们以后还怎么教育孩子呢？"

曾子的话让妻子很自责，后悔不该对孩子说那样的话，更不应该欺骗孩子。既然已经答应杀猪给孩子吃肉了，就要说话算数，取信于孩子。于是，她只好过去，帮曾子一起把小猪杀了，为孩子炖了一锅肉。

<<< 家教家风感悟

在孩子的心目中，父母答应的事就像是铜墙铁壁一般坚不可摧。但是，如果父母多次承诺都没能兑现，孩子就会对父母的言行渐渐产生怀疑，以后也不会百分百地相信父母了。即使以后父母再真诚地许下承诺，由于此前的食言，孩子也会认为父母是在敷衍自己。

与此同时，孩子还会有意无意地模仿父母的这些言行。当他对别人做出承诺时，也不愿意再说到做到。因为他觉得，既然父母能这样做，那么自己也可以，没什么大不了的。在这种教育观念下，孩子也很难养成诚实守信的好品质。

作为一代大儒的曾子，自然深谙其中的道理，因此也十分注重父母的言行对孩子的影响。当妻子向孩子"承诺"后，他立刻用实际行动兑现了妻子的诺言，在孩子面前树立起来了诚信的形象，为孩子做出了好的榜样。

所以，如果想让孩子成为一个诚信的人，我们不妨学学曾子的家风，用实际言行去感染孩子、影响孩子。

1. 身教重于言传，用自己的行动做表率

曾子的做法，在今天很多父母看来似乎都有些小题大做了：糊弄孩子嘛，谁都有过，何必当真呢？

然而，曾子的做法无疑是正确的。他用自己的行动教育孩子要言而有信、诚实待人，虽然杀了一头猪，眼前利益遭受了损失，但从教育子女的

长远利益来看，这么做却是值得的。要知道，父母的一言一行在孩子眼中都具有模范和榜样作用，父母做得好，孩子就学得好；父母做得差，想让孩子做好就很难。

试想一下，如果当初曾子和妻子的想法一样，哄骗孩子一下，不兑现自己的诺言，猪是保住了，但孩子发现自己受了骗，以后肯定再难以相信父母。这样一来，父母再想教育孩子诚信，孩子恐怕都不会听了。这也是现在很多父母说孩子难教育的原因，父母没有在某些方面做好身教，没有用自己的行动做好表率，又怎么能强求孩子一定要做好呢？

所以，要想让孩子成为一个诚信的人，父母首先应像曾子那样，对孩子诚信，这样再去教育孩子，孩子才会信服。

2．不要轻易给孩子开"空头支票"

有些父母为了打发孩子，会随便跟孩子许诺，比如答应孩子考 100 分出去旅游、答应孩子不哭闹就可以买玩具，结果等孩子做到了，父母却找各种借口食言了。这样的做法是很伤害孩子的，而且孩子受到这种不守信行为的暗示，也会跟着模仿。

家庭教育中的诚信教育是很重要的，所以父母在教育孩子时，如果觉得没有可能实现的事，就不要轻易给孩子许诺。一旦答应孩子的，就要努力做到，不能找借口百般推诿，更不能在失信后对孩子一通责骂。

如果答应孩子后，的确因为一些原因而无法兑现，父母要及时向孩子说明原因，真诚地向孩子道歉，请求孩子的原谅，并和孩子商量怎么弥补。只有这样，才能取信于孩子，也才能给孩子做好诚实守信的典范。

3．孩子说谎，父母要正确引导教育

虽然我们希望孩子做个诚信的人，但因为孩子年龄小，尚未形成正确的世界观、人生观，因此有时候也会说谎。

当你发现孩子说谎时，不要立刻大动干戈或棍棒相加，而要冷静分析，

区别对待，弄清孩子说谎的原因。心理学家认为，孩子的说谎大多是出于本能的反应，比如想要逃避责罚等。对此，父母要正确积极地引导，让孩子认识到说谎是错误的行为，是不诚信的表现，说谎是要付出代价的。

这也提醒父母，当孩子犯错时，不要对孩子斥责打骂，这样只会让孩子为了逃避打骂而变得爱说谎。相反，父母要积极引导孩子勇敢地承认自己的错误，冷静地分析错误，并主动承担因自己的错误而造成的后果，争取"把坏事变成好事"。

引导孩子成为有礼有德的人
——孔子教子学《诗经》《礼记》

孔子是我国古代著名的思想家、教育家，中国儒家学派的创始人，"世界十大文化名人"之首。

孔子有个儿子，名叫孔鲤。孔子对这个儿子寄予了厚望，因此从孔鲤很小时开始，孔子就教他读各种书籍，后来还让他跟着自己的弟子们一起学习。

有一天，孔子正独自站在庭院里休息，孔鲤正巧走过来。孔子看到儿子，就问："你学了《诗经》没有？"

孔鲤回答说："还没有学。"

孔子又说："那你应该好好去学习一下啊！不学好《诗经》，你就不能很好地用言辞来表达自己的思想。"

孔鲤听了父亲的话，马上回去开始认真地学习《诗经》，体会其中的奥妙。

又过了几天，孔子又问孔鲤："你学了《礼记》没有啊？"

"还没有。"孔鲤老老实实地回答说。

"那你要回去好好学习一下《礼记》啊！如果不学好《礼记》，你就不能懂得立身做人的道理，也就很难在社会上立足啊！"

孔鲤听后，回去又开始刻苦攻读《礼记》。

孔子有个学生，名叫陈亢。孔子这两次与儿子谈话，都被陈亢看到了，于是陈亢就怀疑孔子私下对自己的儿子有什么特殊的传授。有一天，他就问孔鲤："你在老师那里得到了什么特别的教导吗？"

孔鲤回答说："并没有啊。父亲只是叫我认真研习《诗经》和《礼记》而已。"

陈亢听了孔鲤的话，很高兴地说："我只问了你一件事，没想到却得到了三个答案，一是要学习《诗经》，一是要学习《礼记》，还有一个就是圣人对自己的儿子也没有什么偏爱！"

<<< 家教家风感悟

一代圣人孔子在教育自己的儿子时，并没有要求儿子学多少知识、掌握多少技能，而是强调孩子应懂得礼仪道德。他让儿子孔鲤学《诗经》，是为了让儿子把话说得更好；让孔鲤学《礼记》，是为了让儿子有道德、懂礼貌，学会与人和谐相处，这样才能更好地为人处世。

可见，圣人的家教更注重孩子的礼仪道德、做人规范等。

在今天看来，孔子的家教家风仍然值得我们借鉴。优良的道德礼仪，既代表了孩子的品质、修养以及对别人的尊重，同时也是孩子与这个世界友好交互的重要方式。一个有道德、懂礼貌的孩子，必然会是一个受欢迎的孩子，未来也可以与人更好地相处、沟通、合作，这些于孩子的学习、生活、事业都将会有较大的帮助。

1. 从小就对孩子进行道德礼仪的培养

孩子从一出生开始，就会开始对这个世界产生认知。如果孩子的成长环境是一个礼仪之家，那么他就会通过耳濡目染，从父母家人那里学到各种道德规范、礼仪行为等。我们知道，一个行为习惯的养成大约需要三周，所以长期在这种家庭环境中生活，受到家庭环境的熏陶，孩子慢慢就会成为小淑女或小绅士。

所以，父母如果希望自己的孩子能在潜移默化中成长为一个有德行有礼貌的人，那么平时在为人处世、待人接物等方面，就要注意自己的言行举止。自己首先要成为一个有德有礼的人，孩子才会受到良好的影响和教育，以后也会学着父母的样子，遵守各种礼仪规范。

2. 将礼貌用语和行为渗透到游戏、生活当中

孔子在教育自己的儿子学习道德礼仪时，是让儿子去研读相关的书籍。今天，我们在教育孩子时，除了引导孩子读一些相关的书外，还可以把道德礼仪的行为渗透到日常的游戏和生活当中。尤其是对于年龄较小的孩子，对一些礼貌用语和行为的作用可能还不是特别理解，这时就可以让孩子在游戏和生活场景中学习领会。

比如，在和孩子玩游戏时，可以让孩子学习"请进""请坐"等一些招待客人的礼貌用语；在外面碰见熟人时，要引导孩子学会用"您好""再见"等礼貌用语；在孩子学习请求帮助时，可以引导孩子说"请您帮我……，好吗？"

通过这些游戏和日常生活的点滴渗透，孩子会逐渐体会各种礼貌语言和行为的作用，也会变得更加彬彬有礼。

3. 及时制止孩子不道德不礼貌的言行

孩子毕竟还小，有些时候还不能很好地控制自己的情绪，或者不懂得一些言行会对他人造成伤害，从而表现出一些不太道德或不礼貌的行为，这时父母要及时制止。

有些时候，孩子可能会用语言或行为对他人造成攻击或伤害，这时父母必须严厉制止，甚至应给予惩罚。只要父母对此持严肃、认真的态度，哪怕只要一个眼色、一个手势，孩子就会明白自己做错了。如果孩子没有

意识到自己的错误，也可以将他带离现场，然后让孩子去反思一下，这要比让孩子去面壁思过更有正面的教育意义，并且一定要对他讲清楚，究竟他的哪些言行是不对的、为何不对等。

做人做事要敦厚谦让
——王羲之教子"以德为本"

王羲之是我国东晋时期著名的书法家，其作品在我国古代书法史上占有重要地位。尤其是其代表作《兰亭序》，更被誉为"法帖之冠"，如今诸多书法名家仍悉心研讨。

王羲之为官期间，严于律己，清正廉明，很受百姓爱戴。不仅如此，他对自己子女的教育也以严厉著称，经常教导孩子们要谦虚、勤奋、节俭、宽容，这样才能兄友弟恭、居家和睦。

有一次，王羲之与好友许玄度一起到奉化一带游玩。晚上，两位好友就住在一个小客栈里，饮酒聊天。当两个人正聊得欢畅时，忽然听到外面有人吵架。原来是两兄弟为了争夺财产，互相打了起来，彼此都受了重伤。后来有人报官，兄弟俩都被官府抓走了。

这件事让王羲之很是震动，他面色沉重地对好友说："这两个是亲兄弟，打架却如此残忍，不知道我们的后辈以后会怎么样啊！"

回家之后，王羲之就把孩子们都叫到跟前，将自己目睹的这件事详细地讲给孩子们听。随后，他又命人拿来纸笔，工工整整地在纸上写下四个大字——敦厚谦让。

孩子们都围在王羲之周围，不知父亲写这四个字的深刻用意，纷纷要求解释。王羲之语重心长地说："敦厚者，庄重朴实也；谦让者，厚人薄己也。为人处世，以德为本，人和为贵，遇事应退让三分。兄弟之间，本同血肉，情如手足，要和外睦内，敦厚谦让，才能光前裕后。若如彼等逆畜，则人所不齿，遗臭万年。切记，切记！"

他还让孩子们把"敦厚谦让"四个字拿去临摹，要求孩子们每人每日临一字，每个字写五遍，并将这四个字牢牢地记在心中。

<<< 家教家风感悟

王羲之教育子女可谓用心良苦！他将从外面看到的真实事情告诉给孩子们，目的就是为了警示他们做人做事要敦厚谦让，并亲笔写下"敦厚谦让"四个大字，让孩子们临摹，以使孩子们能将此训牢记心中。

自古以来，人们就非常重视礼待、谦让、分享等品质，虽然我们现在要用发展的眼光来看待这些问题，但引导孩子养成这些品德仍然是很有必要的。

1. 父母应在日常生活中随时随地加以引导

小孩子并非天生就自私自利，但也不是天生就慷慨谦让。要培养孩子从小学会大度、分享，养成敦厚谦让的品行，主要靠父母在日常生活中随时随地地给以引导。

比如，买了好吃的东西后，鼓励孩子来给全家人分配，家里大人孩子都分得一份，并鼓励孩子将好的、大的分给爷爷奶奶、姥姥姥爷等长辈。如果爸爸或妈妈还没下班，也要提醒孩子给爸爸或妈妈留一份。孩子做完后，要及时进行表扬、鼓励，强化孩子的这一行为。有小朋友到家里玩时，鼓励孩子拿出玩具跟小朋友一起玩，或者彼此交换玩具。孩子这样做了，同样要予以肯定、夸奖。

通过这样不断强化，孩子会体验到谦让、分享的快乐，并逐渐形成良好的品行。

2. 通过一些文学作品启发孩子

很多文学作品中都有一些有关谦让、分享、宽容的故事，父母平时可以和孩子一起阅读，同时启发孩子思考：书中某个人的做法对不对？为什么？什么时候需要谦让？该怎样谦让？等等，从而将故事中所蕴含的道理深入到孩子心里，让孩子在不知不觉中学习和效仿故事中的行为规范。

3. 谦让虽好，不可强求

虽然敦厚谦让是一种良好的品行，但也不要强迫孩子谦让或分享。比如，孩子在跟其他小朋友一起玩，遇到相互争抢玩具的情况时，是否一定要让着别人？这时要就事论事，不能强迫孩子谦让或分享。如果当时的情况是可以谦让的，我们可以引导孩子学会体验人与人之间交往互惠互利的必要性，也可以通过讲道理鼓励孩子谦让，当孩子做出谦让的行为了，同样要给予表扬。

但如果是自己的玩具被别人抢了，孩子又不想与人分享，此时就需要尊重孩子的意愿，不能强迫孩子分享。不仅如此，父母还要教会孩子学会说"不"，学会拒绝别人的无理要求。切不可为了谦让而谦让，混淆孩子的是非观，让孩子变得时时处处都只知道忍耐，养成怯懦的性格。

时刻保持一颗爱心
——冰心的家教主题

　　冰心是我国现代著名的儿童文学作家、诗人、散文家、翻译家。提起冰心，我们最先想到的可能是她的《小桔灯》《寄小读者》等读来让人充满暖意的文章。她爱生活、爱孩子、爱一切美好的事物。可以说，爱贯穿了她的一生，"爱"也是她对孩子进行家庭教育的主题。

　　冰心共有三个子女，虽然性格不同，但都非常优秀。女儿吴青小时候聪明活泼、特别爱动，像个男孩子一样淘气。有一次，吴青跟一群孩子在自己家的院子里玩，不一会儿，冰心就听到有孩子在院子里大哭。她赶紧跑出去问发生了什么事，一个正坐在地上哭泣的孩子伸出手指指着吴青说："是她打我！"

　　冰心将目光转向女儿吴青，吴青赶紧向母亲解释说："我们在玩游戏，说好了谁赢谁就可以得到娃娃，可她输了却要耍赖！我觉得她这样是不对的，就把娃娃抢过来了，然后不小心把她撞倒了……"

　　冰心知道，吴青虽然比较淘气，但从不撒谎，所以女儿的解释也让她弄清了事情的原委。虽然这件事不全怪吴青，但冰心还是蹲下来，耐心地对吴青说："在你的这几个小伙伴中，你是姐姐，姐姐应该爱护妹妹，对不对？你是个乖孩子，所以你懂得该怎么做对吗？"

看到妈妈眼里的期待，懂事的吴青主动走过去，扶起地上的小朋友，还帮他擦干眼泪，并把自己手里的娃娃递给小朋友说："好啦，不要哭啦，我先让你玩。"

冰心经常教育孩子们，与人相处时，一定要保持一种平和的心态，学会去爱每个人。因为爱是相互的，你爱别人，别人才会爱你。对人是这样，对小动物也是这样。

有一次，吴青从树上的鸟窝里掏出几只刚刚孵出来的小鸟，用手捧着回家了。冰心看到后，就问吴青："天黑以后，你最想找谁？"吴青不假思索地说："当然最想找妈妈了，因为妈妈的怀抱最温暖。"冰心接着说："那你有没有想过，这些小鸟也要找它们的妈妈呀！"

听了妈妈的话，吴青才知道自己这样做是错误的，赶紧把小鸟送回了鸟窝。而且从那以后，她都不再捕捉小动物了，还把妈妈的话讲给小伙伴听，要他们爱护小动物、爱护大自然。

<<< 家教家风感悟

孩子是否具有爱心，与从小所处的环境及所受的影响和教育密切相关。在孩子幼小的心灵中，还没有多少对品德概念的认识，他所看到、所听到的都是周围人在某些事情上的行为方式，这种行为方式也是孩子模仿的对象。更确切地说，父母就是孩子的榜样，父母是否具有爱心、具有善良的品行，也决定着孩子是否具有良好的个性与品德。孩子也会在父母的影响和引导下，成为具有爱心的人。

作为一名儿童教育专家，冰心是很清楚这个道理的，因而在教育孩子时，也会从小事上不失时机地培养和保护孩子善良的心。正如苏霍姆林斯基所说的："只有当孩子不是从理智上，而是从内心里体会到别人的痛苦时，我们才能心安理得地说我们在他们身上培养出了最重要的品质，那就是爱。"

1.　对孩子进行移情引导

所谓移情引导，就是让孩子把自己痛苦时的感受与别人在同样境况下的体验加以对比，让孩子学着体会别人的心情和感受，从而帮助孩子学会理解别人、体谅别人。

比如，当看到其他孩子摔倒时，父母可以适时地启发孩子："如果你摔倒了，会不会很疼？小朋友一定很疼，我们去扶他起来吧！"这样一来，孩子就会联想到自己摔倒时的感受，从而想要去帮助别人，慢慢培养起孩子的爱心。也可以给孩子讲一讲一些残疾人勇敢面对生活挑战的故事，引导孩子体验他们的内心感受，并用这些人的事迹激励孩子，让孩子树立起尽可能帮助残疾人的思想等。

2.　在生活中慢慢培养孩子的爱心

一个孩子只会关心自己，只顾自己的快乐，对别人的痛苦视而不见，甚至把自己的快乐建立在别人的痛苦之上，这样的孩子是很可怕的！而有爱心的孩子往往会懂得关爱他人，因而也容易拥有良好的品行。

所以，父母可以利用生活中的一些简单的小事，慢慢地培养孩子的爱心。比如，引导孩子学会关心他人、关爱小动物。如果孩子想要养小动物和植物，父母可尽可能地满足孩子，而自己只在一旁进行必要的指导，鼓励孩子亲自动手来照顾小动物或植物，这样往往能培养孩子的爱心。

3.　学会接受孩子的爱

很多父母习惯了对孩子的爱和付出，而面对孩子的回馈时，往往会因为心疼孩子而"拒绝"孩子爱的表示。比如，当孩子把苹果削好，拿给妈妈吃时，妈妈却着急地说："妈妈不吃，这个好吃，给你留着吃！"或者当孩子看到妈妈做家务辛苦，想要给妈妈帮忙时，妈妈说："去，写作业去吧，这个脏，妈妈来做就行了！"

很明显，妈妈是因为心疼孩子，想把最好的留给孩子，可这样不仅不能让孩子感受到父母对他的疼爱，反而会伤害孩子表达爱的积极性。孩子会因此而非常失望，这种拒绝实际是遏制了孩子爱的萌动，让孩子觉得父母不需要他的爱。

父母不要忘了，爱是一种双向的情感交流，孩子在接受爱的同时，也会学着去爱别人，从而获得情感上的满足，这样才能逐渐将这一体验内化为一种优秀的品质。

静以修身，俭以养德
——诸葛亮的《诫子书》

　　诸葛亮是三国时期蜀国的丞相，我国古代杰出的政治家、军事家、思想家、文学家。同时，诸葛亮还是一位品格高洁、才学渊博的父亲，他在教育孩子时，非常注重对孩子品行的培养。

　　诸葛亮只有一个儿子，名叫诸葛瞻，从小机敏聪慧，深得诸葛亮的喜爱，因而也对这个儿子寄予厚望。他在给哥哥诸葛瑾的信中，还特意说起自己的儿子：“瞻今已八岁，聪慧可爱，嫌其早成，恐不为正器耳。”意思是说，他很担心儿子过早地聪慧外露，容易自满，反而难成大器。

　　公元234年，诸葛亮病重，他对自己年仅八岁的儿子十分不放心。临终前，他给儿子写了一封家书，就是著名的《诫子书》。其中写道：“夫君子之行，静以修身，俭以养德。非淡泊无以明志，非宁静无以致远。夫学须静也，才须学也，非学无以广才，非志无以成学。”

　　意思是告诫儿子：君子的行为操守，是在宁静中提高自身修养的，是以节俭来培养自己的品德的。不恬静寡欲，就不能明确志向；不排除外来干扰，就无法达成远大的目标。所以，不学习就不能增长才干，缺乏志向就不能学有所成，放纵懒惰就不能振奋精神，急进冒险就不能陶冶性情。

　　在诸葛亮的教导下，诸葛瞻后来也成为蜀汉的一名忠诚之士，像他的父亲一样，为蜀汉建功立业。

<<< 家教家风感悟

诸葛亮的《诫子书》饱含了一个父亲对儿子深切的爱，这种爱在某种意义上也饱含了家庭教育的智慧。通过理性、严谨的文字，诸葛亮劝勉儿子要立志勤学、节俭修身，在今天来看，仍会给父母们以很大的启示。

也正因为诸葛亮从小对儿子诸葛瞻的悉心教诲，虽然诸葛瞻在才华和水平上不及自己的父亲，但后来在国家面临危急存亡的时刻，他能够挺身而出，为保卫国家不惜献出生命。因此也有人评价诸葛瞻"智谋虽不扶危主，忠义真堪继武侯"。

随着物质生活水平的不断提高，几乎要什么父母都会竭力满足，这就导致孩子认为获得什么都是轻而易举的。久而久之，就可能会令孩子变得懒惰依赖、挥霍无度。

勤劳、节俭既是我们中华民族的优秀品德，更是一个孩子应该具备的优秀品质。从小培养孩子的这些品德，对孩子将来的人生将大有好处。

1. 鼓励孩子做一些力所能及的事

要想将孩子培养成一个勤奋、节俭的人，父母就要在平时多多引导孩子。在日常的生活中，多鼓励孩子自己的事情自己去做，如洗手绢、洗袜子等；还可以帮助爸爸妈妈做一些家务，如擦桌子、倒垃圾、擦地等。让孩子学着做这些力所能及的事，既能让孩子体会到劳动的价值，又能避免孩子养成懒惰、依赖的习惯。

另外，不论吃饭还是穿衣，父母都尽可能做到节俭，避免浪费，为孩子做个好榜样。如果衣服旧了，也不要随意扔掉，可以教孩子把旧衣服洗干净后，捐给贫困地区，不但避免了浪费，还培养了孩子的爱心。

2．引导孩子学会花钱

孩子的消费行为是由被动行为逐渐变成主动行为的，如果父母引导得好，可以让孩子学会正确消费，养成节俭的美德。

从孩子能认识钱开始，父母就可以适当教孩子怎样买东西了，比如买东西时，教孩子怎样买会更省钱，如何选择物有所值的商品，等等，避免盲目消费。

每周也可以让孩子"当一次家"，将当日家里的消费都一一记账，并和孩子讨论一下哪些物品物有所值、哪些物品属于冲动消费，引导孩子学会理财，培养节俭的好品质。

3．正确引导孩子的攀比之心

孩子的攀比心往往产生于与其他人的攀比之中，比如与其他孩子比吃、比穿等。为避免孩子产生这种心理，父母应积极引导孩子从社会价值而不是个人价值方面去与他人比较，让孩子与别人比一比个人在社会中做出的贡献，而不是只看到自己的好处。比如，引导孩子拿自己的学业成绩、对班级贡献的大小等方面的成绩来与其他人比较。

教导孩子不要骄傲自满
——邓拓的教子法则

邓拓是我国当代杰出的新闻工作者、政论家、历史学家、诗人。在邓拓的一生中，他不但对自己要求严格，对子女要求也十分严格。

有一次，女儿小虹的学校要求学生们写一篇作文，题目叫《我的爸爸》。老师还特别叮嘱小虹，让她回家请爸爸讲一讲自己的革命经历。谁知道，小虹回家后央求了半天，邓拓却只是微笑着说："我那时天天出报纸，没冲过锋，没杀过敌人，有什么好讲的啊？"最终，他也没有给女儿讲自己的战斗经历。

其实，邓拓觉得自己当年所做的一切都是理所当然的，根本不值得拿出来炫耀。多年后，孩子们也理解了父亲的谦虚，并对父亲高尚的品质由衷地敬佩。

1965 年，邓拓的儿子邓云高中毕业，被选拔到航校接受训练，当飞行员。邓云的母校希望邓云能在欢送大会上讲几句。邓云回家后，就问爸爸该讲些什么。邓拓沉思了一会儿，严肃地对儿子说，"现在帝国主义还在横行，世界还不安宁，作为一个空军战士，应时刻准备用自己的鲜血和生命保卫祖国，支援世界上被压迫的人民。"

后来，在送别儿子的车站上，邓拓又对儿子说："我们那时参加革命，都要千辛万苦地寻找党组织，随时都有牺牲的危险。今天你们参加革命，人民敲锣打鼓地欢送你们，多幸福啊！干不好能对得起谁？"邓云用力地点点头，表示一定会铭记父亲的嘱托。

入伍 3 个月后，邓云途经北京，邓拓和妻子去看望他。当见到邓云后，邓拓仍然郑重地告诫儿子说："在部队里不要骄傲自满，不要搞特殊化，要和工农子弟搞好团结，学习他们身上的好品质、好作风！"听了父亲的话，邓云回到部队后更加严格要求自己，做出了不少成绩。

<<< 家教家风感悟

邓拓一生都在给自己的子女做表率，时刻不忘教导子女不要骄傲自满，不要搞特殊化，十分注重对子女品质的培养。在他的教导下，孩子们也都很出色。

犹太人在教育孩子过程中，一直都很重视教导孩子谦虚。在《塔木德》中，对谦虚也有着严格的规定："就算一个贤人，如果他向人炫耀自己的知识的话，那么他还不如一个普通人。"

谦虚的人，能够很客观、实事求是地看待自己，既能找出自己的缺点和不足，又能发现自己的优点和长处；既能看到自己所取得的成绩，又很清楚不论这个成绩多么优秀，对于经营人生这项伟大的事业来说，只不过是添了一砖一瓦。就像人们在称赞牛顿时，他谦虚地说，自己不过像是个在海边玩耍的孩子，捡到几片漂亮的贝壳而已。一个人有才华固然令人敬佩，但如果再具备谦虚谨慎、不骄不躁的品行，就更值得敬佩了。

所以，父母应从小适当培养孩子谦虚的品行，哪怕在一定程度上要展示自我，也要懂得戒骄戒躁、多向他人学习的道理，这样才能不断取得进步。

1. 经常陪孩子读一些经典书籍，或讲一些优秀人物的事迹

孩子都喜欢读各种故事书，父母可以通过讲故事的方式，让孩子了解

书中人物不骄傲、不自满的优秀品质，从而引导孩子要向书中的人物学习，学习他们的优秀品质。

或者为孩子讲一些优秀人物的事迹，通过这样的方式让孩子懂得：人外有人，天外有天，每个人都有自己的优点，我们现在所拥有的知识和品行还远远不够，所以没有理由那么骄傲，从而激励孩子以这些人物为榜样，多多向他们学习。

2. 父母给孩子做好表率

邓拓在教育孩子过程中，时刻都在为孩子做好表率，用自身的言行影响孩子，从未有过骄傲自满的表现，因而也让孩子深受影响，养成了优秀的品质。

孩子是最容易受父母影响的，父母怎么说、怎么做，孩子时刻都能听到、看到。如果父母平时说话、做事都很谦虚、礼让，孩子也会学习父母的说法、做法，成为一个不骄不躁的人。相反，如果父母动不动就看不起别人，对别人经常流露出不屑，经常议论别人的缺点，孩子就会受到影响，只看到自己的长处，而嘲笑别人的短处。

所以，父母在孩子面前要时刻注意自己的言行，时刻给孩子做好示范。如果发现孩子有了骄傲自满的表现，更要及时指出来，帮孩子纠正。

为孩子做个出色的榜样
——朱自清以身作则，教子成才

朱自清是我国近现代杰出的散文家、诗人、学者、民主战士。同时，他还是一位出色的父亲。

朱自清的二儿子朱闰生生前经常对人说："父亲给予我的教益，足够我一生受用。他是一个真正的君子。"

朱自清一生共有八个子女，在他的小儿子朱思俞四五岁时，他记得家里非常贫困，兄妹几个经常挨饿，一年到头也吃不饱饭，更别说能吃到肉了。那时，朱自清自己也被胃病折磨得形销骨立，但也没钱医治。他那点薪水，每个月只够买三袋面粉，全家十几口人吃饭都不够，哪里有余钱去治病啊？

当时，美国政府为了收买中国人，在中国出售一种价格较低的"美援面粉"。一些爱国人士为了号召大家不要被美国收买，都纷纷签字声明，表示拒绝"美援面粉"。朱自清知道这件事后，虽然家里有十几口人需要吃饭，但仍然毫不犹豫地在声明上签了字，断然拒绝美国的一切施舍物资。他还对孩子们说："咱们宁可贫穷饿死，也不会领取这种侮辱性的施舍！"

不久，朱自清就因胃病去世了。在临终前，他还嘱咐妻子和孩子们："有一件事要记得，我是在美援面粉的文件上签过字的！"

这件事让几个子女一生铭记，并在一定程度上影响着他们的人生观和价值感。受父亲的影响，朱自清的三儿子朱乔森在读高中时就报名参加了中国民主青年同盟，同年又加入了中国共产党。高中还没毕业，他就服从组织安排参加了革命工作。

二儿子朱闰生也说："是父亲的死使我走上了革命的道路，他的正义感和强烈的爱国心深深地震撼了我。"

<<< 家教家风感悟

朱自清是一位具有独立人格和爱国情操的知识分子，他的品行也深深地影响了孩子们，让孩子们最终都成为自立、正直的人。而每一个成长中的孩子了，都需要一个好的榜样，这个好榜样也会对他们产生强大的影响力，成为他们前进的目标和动力之源。孩子以什么样的人为榜样，自己也会成长为什么样的人，具备什么样的品质。所以，如果父母打算培养孩子的某些品质，那么首先父母就要具备这样的品质，成为这些品质的直接践行者。

1. 教孩子成为一个正直的人

对于每个孩子来说，他们未来的人生道路都是复杂的，但能让孩子保持正直善良，就是教育的最大成功。一个人如果具备正直的品质，在人生路上面临重大选择时，也会做出最正确的抉择。

现如今，因为贪小便宜而吃大亏的人比比皆是，有些人甚至利欲熏心，走向犯罪的道路。所以，父母更应该以身作则，像朱自清一样，成为孩子学习的表率，将培养孩子正直的品质放在首位。

2. 对孩子进行爱国教育

现在，我们经常会在网络上看到一些人因为缺少必要的历史认知，做出一些有损国家形象的事，让人无比痛心。尤其是一些父母，在面对孩子有损国家荣誉的言行时，不但没有及时制止、教育孩子，反而认为这只是小孩子的小顽皮，故而选择视而不见。

引发这些行为的原因很多，但根本原因还在于这些人缺少真正的爱国情怀。也许有人以为这些都是小事，但爱国无小事，从小对民族有情怀、对国家有大义的孩子，长大才能真正热爱自己的祖国，懂得以国家为荣、以国家利益为荣，也才会珍惜我们今天来之不易的生活，从而成为一个有担当、有格局、有大义的人。

朱自清在自己的家教家风中，时刻都在引导孩子爱国，甚至为国献身，这是时代的要求。而今天我们教育孩子爱国，其实是在教导孩子学会自尊自爱，教孩子成为一个"有根"的人。我们需要让孩子知道：爱国是为人的底线，是基本的道德和素质。一个心中无"国"的人，也是一个缺乏品行的人，是根本无法在社会上立足的。

"取象于钱，外圆内方"
——黄炎培给孩子的忠告

黄炎培是我国著名的教育家、政治家和诗人。作为一名杰出的教育家，他一直十分关心子女的成长。在他的精心培育下，他的孩子们也都很有成就，同时，他们与父亲之间的关系也深厚至极。

黄炎培在教育孩子时，经常会通过一些小事教导孩子们要勤劳、自立，并认为这是一个人必备的品质。

有一天，黄炎培见几个孩子正在屋子里玩得开心，就想考验他们一下。他独自走进书房，顺手拿起书桌旁的一个鸡毛掸子故意扔到地上，然后对着外面的孩子们喊道："孩子们，快过来，爸爸有事找你们。"

听到爸爸的喊声，大女儿首先跑了进来。一迈进书房，她就看到地上的鸡毛掸子，但却绕过鸡毛掸子跑到爸爸身边，问道："爸爸，您有什么事？"

不一会儿，几个孩子也都跑了进来，但要么大步跨过鸡毛掸子，要么就用脚踢开鸡毛掸子，没有一个人把它捡起来。

黄夫人听到丈夫喊孩子们，也跟着进来了。她也一眼就看到了地上的鸡毛掸子，便弯腰捡起来，轻轻弹了弹灰尘，放回了原处。

这时，黄炎培才问孩子们："你们知道刚才鸡毛掸子在哪里吗？"

"在地上啊！"孩子们异口同声地回答。

"那是谁捡起来的？"

"是妈妈。"

"你们一个个争先恐后地跑进来，都看到它扔在地上了，却个个无动于衷。而妈妈进来后，马上就把它捡起来放回原处了。这说明什么？说明你们和妈妈在做法上有很大的不同！妈妈长期操持家务，很勤劳，而你们却什么事都依赖大人，这怎么行？"

孩子们听完爸爸的话，都惭愧地低下了头。

黄炎培接着说："我希望你们也都能像妈妈一样，学着做一些家务，学会照顾自己，这样长大后才能为国为民做实事！"

与此同时，黄炎培也很重视身教的作用，经常带着孩子们一起做事。孩子们在父母的影响下，努力学习自立自强，各方面都进步很大。

后来，黄炎培还为孩子写了一则座右铭，用来激励孩子们，其中写道："理必求真，事必求是；言必守信，行必踏实；事闲勿荒，事繁勿慌；有言必信，无欲则刚；和若春风，肃若秋霜；取象于钱，外圆内方。"

他告诫孩子们：做人要追求真理，做事要诚实守信。事闲的时候，最易养成慵懒的恶习，要时刻警策自己，抓紧时间，勤奋用功，切莫荒疏了学习；事忙繁杂的时候，最易滋生焦急的情绪，一定要冷静沉着，切忌慌忙。说话算数，别人就会相信；没有私欲，人就会变得刚正。同时，在最后四句，他还要求孩子们对待同志要像春风一样和煦、暖人，对待坏人坏事要像秋霜一样凌厉。结句用"古钱"外圆内方比喻，要求孩子们做到外表随和，内里严正，养成谦虚谨慎的作风，不要锋芒毕露，盛气凌人。

<<< 家教家风感悟

黄炎培先生的家风及家教理念，在今天仍值得父母们借鉴。一个人优秀的品行和习惯，都是通过日积月累在生活当中慢慢养成的。而家庭和父母是孩子最早接触的环境和人，对孩子健全的人格养成、良好习惯的形成等，都具有重要的影响和决定作用。

因此，我们不妨借鉴一下黄炎培先生的教育方法，也在日常生活中多注意培养孩子的品行和习惯等。

1. 通过日常生活中的小事教导孩子

一个人良好的教养，是需要从小培养的，久而久之，教养才会成为一种习惯。所以，如果想让孩子有教养、有品行，就需要父母从日常小事、从生活细节入手，一点一滴地教导孩子。

比如，根据孩子的年龄，为孩子安排一些合适的家务，让孩子自己完成，不仅能帮助孩子养成勤劳、独立等好习惯，还能让孩子体会到劳动的不易，从而学会尊重他人、珍惜他人的劳动成果。在公共场合，教孩子一些最基本的礼仪，做到待人有礼、不打扰别人等。

2. 以身作则胜于无休止的说教

要对子女进行成功的教育，父母应先做出榜样，用自己的言行耳濡目染地影响孩子。正如列宁夫人克鲁普斯卡娅所说："家庭教育对父母来说，首先是自我教育。"家庭是孩子最基本的生活和教育单位，父母的一言一行、一举一动，都是孩子的模仿源。

一些成功人士在总结其成功经验时，总会提及小时候父母对自己的一些教诲和影响，这种教诲和影响也将伴其一生。这就是榜样的力量。父母一个看似微不足道的举动，就可能使孩子的心灵受到启迪，能够坚定孩子前进的方向；父母一句平淡无奇的言论，也可能使孩子备受触动，能够左右其一生的行为。

所以，这里也提醒父母，要对自己当着孩子的面说的每一句话负责，对当着孩子的面做出的每一个举动负责。你的这种以身作则，往往要千百倍地胜于无休止的说教所带来的教育效果。

第4章

学会放手，让孩子成为合格的"社会人"

培养孩子良好的生活习惯
——陈鹤琴的"细节教育"

陈鹤琴是我国著名儿童教育家、儿童心理学家、教授，中国现代幼儿教育的奠基人，被誉为"中国幼教之父"。陈鹤琴共有七位子女，在他的教导下，几个孩子都先后成为国家的栋梁之材。

陈鹤琴非常注重通过日常生活中的小细节来教育子女，尤其注重培养子女的独立性。他曾在自己的著作《家庭教育》中提出十七条教育原则，其中指出：凡是孩子自己能够做的，应当让他自己做；凡是孩子自己能够想的，应当让他自己想。他认为，"做父母没有不爱自己小孩的，可爱的方法很容易弄错。有些父母，不懂得孩子生理和心理的状态，往往因为自己的成见，把孩子管束得像囚犯一样……"

对此，陈鹤琴指出，父母爱孩子的真正方法，就是照顾到孩子的身心发展和需要。比如：当孩子要自己吃饭时，父母就该让孩子学着自己吃，不要喂他，并且还要单独为孩子购置餐具，鼓励孩子自己吃饭。

当孩子要自己穿衣服时，父母不要打击孩子跃跃欲试的心情，更不要把自己的观念强加给孩子。孩子想穿哪件衣服、喜欢什么颜色和式样，只要穿着舒适，保暖适度，就要尊重孩子。

孩子睡觉时，也要让他睡在自己的小床上，不要总粘着父母。更需要注意的是，父母千万不要抱着孩子睡觉，这样孩子习以为常后，就不肯自己睡了，不利于培养孩子的独立性。

除此之外，家里的一切生活用品，如门把手、脸盆、毛巾等，都应照顾到小孩子的使用习惯，并多鼓励孩子自己去做那些他力所能及的事，而不是由父母代劳。

总之，父母在爱孩子时，一定要掌握好爱的方法，尤其不能过分地溺爱孩子，这是错爱，最终只会害了孩子。爱孩子，就一定要明白爱的方法，这样才能把孩子养得好、教得好。

<<< 家教家风感悟

作为著名的幼教专家，陈鹤琴曾被称为"东方的蒙台梭利"，因为他与蒙台梭利分别是 20 世纪东、西方幼儿教育理论和实践研究的集大成者，且在很多教育理念上都有相似之处。

比如，蒙台梭利曾创办"儿童之家"，鼓励孩子们在"儿童之家"进行运动、做手工、照顾动植物等，而且课程安排也打破了一节课的时间规定，强调个人学习和个人活动，其宗旨就是培养孩子自觉主动的学习和探索精神。而陈鹤琴在自己的教育著作中，也专门强调了培养孩子独立的习惯和个性等，并指出了父母替孩子做事对孩子成长带来的弊端等。

时至今日，不论是蒙台梭利还是陈鹤琴，他们在主张培养孩子独立性的教育理念仍然适用。对此，父母们可从以下几个方面努力：

1. 停止事事包办，给孩子自己动手的机会

现在孩子的致命弱点就是缺乏独立性、依赖性强。这种现象主要还是因为父母过多的包办代替，生活中的大事小事都由父母包办了，不许孩子动手参与。结果也让孩子养成了自私、懒惰、依赖、拖拉等毛病，独立能力低下。

所以，从现在开始，父母不要再对孩子事事包办了，而应鼓励他们自

己动手。该孩子自己吃饭的，就不要喂；该孩子自己穿衣的，就不要帮；该孩子自己学习的，就不要替；该孩子自己做的事，更不要为他出头。只有父母学会放手，给孩子自己动手的机会，让孩子在自己动手中体会到劳动的快乐，才能逐渐培养起孩子独立生活的能力，以及对自己、对家庭、对社会的责任感。

2. 为孩子创设一些体验生活的机会

要想培养孩子独立自强的能力，就要从小鼓励孩子去体验生活，让孩子很早就明白：生活是靠劳动创造的，幸福是靠奋斗争取的。同时，让孩子早日投入到生活当中，也能让他们尽快掌握独立的知识，锻炼生活本领。

比如，在保证安全的前提下，让孩子独自上街买东西；让孩子自己去参加各种展览；甚至可以让孩子一个人到离家较远的亲戚家作客。孩子在这些生活体验中，也能逐渐学会应付生活中的各种问题和困难。还可以放手让孩子当一次家，让孩子来学着安排一家人的生活饮食起居等活动。如，早晨让孩子安排一家人的早饭，中午要去买菜，下午要打扫卫生，等等。

在这样的体验中，也能很好地锻炼孩子动手、动脑能力，让孩子的独立能力在家务劳动中得到提升。

3. 鼓励孩子参加一些社会实践活动

让孩子参加一些社会实践活动，不仅能锻炼孩子的独立能力，还能培养孩子克服困难的勇气，养成吃苦耐劳的习惯。

比如，在寒暑假时鼓励孩子去参加冬令营、夏令营等活动，培养生活自理、自主能力以及坚强的个性；或者鼓励孩子去参加一些志愿者活动、献爱心活动、环保活动等。在这种集体活动中，孩子也可以逐渐学会如何照顾他人和自己，同时还能培养孩子助人为乐、与人为善的良好品格，可谓一举多得。

不要让孩子太娇气
——谢觉哉对子女的培养方法

谢觉哉是我国著名的法学家、教育家，人民司法制度的奠基者。

谢觉哉有个女儿，从小就聪慧伶俐，很得父亲宠爱。上学后，由于才思敏捷，学习成绩很好，因此便渐渐滋生了"娇气"和"骄气"，动不动嫌这里不好、嫌那里不对，要不就瞧不起人，说这个同学笨，那个同学长得丑……

谢觉哉发现女儿的变化后，很是震惊。该怎样纠正女儿？谢觉哉为此颇费了一番心思。

谢觉哉想来想去，便想到一个好办法：他特意填写了一阕《减字木兰花》的词送给女儿，其中写道："骄娇二气，骄则自暴娇则弃。好像幽灵，遇着空子钻上身。划清界限，两军阵前对立面。时时检查，自己不能再有它。"

谢觉哉在这首词中精辟地分析了"娇气"和"骄气"的危害，并重点强调了"娇气"和"骄气"的顽固性，"好像幽灵，遇着空子钻上身"。进而要求女儿与"娇气"和"骄气"划清界限，并拿出古人"吾日三省吾身"的精神，经常检查、反思，以获得真正的进步。

女儿在读完父亲的这首词后，很是惭愧，也很受启发，从此再也没有表现出"娇气"和"骄气"来。

谢觉哉还有个儿子，在外地上大学，寒假回到家后，便开始埋怨家里的房子太破旧了，住着不舒服，闹着要搬家。这件事立刻引起了谢觉哉的注意，他想，干部家庭的子女怎么能这么娇气、这么有优越感呢？如果是一个普通家庭的孩子，肯定不会向父母提出这样的要求来。

为了教育儿子，谢觉哉又特地写了一首题为《示儿》的诗，交给孩子们。其中写道："四体不勤，五谷不分；只知吃饭，不懂耕耘；他的外号，叫寄生虫。到校读书，回家锄地；锻炼脑子，锻炼体力；这样的人，才能成器。"

孩子们读完父亲的诗后，既理解了父亲的良苦用心，也开始反思自己的不当之处，此后都变得懂事多了。

<<< 家教家风感悟

现在，很多家庭都是独生子女，是家里的"重点保护对象"，父母对其可谓百般呵护、万般疼爱，结果也令孩子变得越来越娇气：吃东西挑挑拣拣，学习一会儿就喊累，一让做家务就嫌脏，对于批评更是接受不了，动不动就闹着要离家出走……

如果你的孩子也有这些问题，那就要及时"止损"了！因为你对孩子无微不至的关怀已经让孩子成了"温室里的花朵"，甚至因此而使孩子逐渐丧失生活自理能力，变得依赖心强、缺乏独立性，遇到一点困难就退缩，只会等着别人解决；适应能力越来越差，甚至性格也会因此而变得越来越孤僻，对成长极为不利。

想必谢觉哉老先生是很懂得这种娇气对孩子成长的"副作用"的，因此在刚刚发现孩子有这方面的苗头时，便及时采取恰当的方法纠正孩子，让孩子远离了娇气。

为此，我们不妨也借鉴一下谢老的教子方法，当发现孩子有娇气、依赖的苗头时，及时运用正确的方法，来帮孩子纠正。

1．多鼓励孩子参加一些劳动

有些孩子的娇气，是由于父母过分溺爱造成的。在家里，父母从不让孩子做家务，更别说让孩子参加一些劳动了。结果，孩子每天过的都是衣来伸手饭来张口的日子，哪里还能学会独立、自强？

为了避免孩子过于娇气、依赖，父母不妨给孩子安排一些家务劳动，就像谢老所写的那样"到校读书，回家锄地"。现在虽然不用"回家锄地"了，但却可以让孩子做家务，并多给孩子鼓励，让孩子努力做好。如家庭大扫除时，鼓励孩子和父母一起劳动；做饭时，可让孩子帮忙摘菜、洗菜；周末也可以让孩子擦地板、清理卫生间等。

在孩子劳动时，父母切忌不停地"挑刺"，而应多肯定、多鼓励、多指导，让孩子有信心和热情完成自己的任务，获得劳动带来的成就感。

2．父母应从孩子很小时就学会放手

我国著名教育学家陈鹤琴就说过："凡是儿童自己能够做到的，就应该让他自己做；凡是儿童自己能够想到的，就应该让他自己去想。"

这也在提醒父母们，平时不要对孩子的事情过分大包大揽，而应该给予孩子足够的锻炼和实践机会，放手让孩子独立去做一些力所能及的事情。比如，孩子要自己穿衣服、自己洗脸、自己吃饭，父母就要给孩子锻炼的机会。一开始做不好很正常，熟能生巧，只要坚持，孩子就能自己做好很多事，也就不再依赖他人了。由此，孩子的身体、智力及各种能力也可以得到足够的发展。

3．通过一些故事或文艺作品引导孩子远离娇气

为了让孩子远离娇气，谢老用写诗的方式告诫孩子，我们不妨也借鉴类似的教育方法。当然，写不出类似的诗词也没关系，我们可以通过一些故事或文艺作品中类似的内容来引导孩子，让孩子看到其他人身上不娇气、不依赖的好习惯、好品质，进而鼓励孩子按照书中的人物来要求自己，努力做一个独立、自强的人。

培养孩子正确的金钱观
——洛克菲勒对孩子很"抠门"

戴维·洛克菲勒是美国最富有的家族——洛克菲勒家族的创始人，也是人类有史以来第一位亿万富翁。

洛克菲勒有五个子女，尽管家财非普通人可比，可他对子女的教育却十分严格，从不乱给他们零用钱，甚至对子女用钱方面非常"吝啬"。而且，孩子们的零用钱也根据年龄的不同而不同：七八岁的孩子每周可拿到3角；十一二岁的孩子每周可拿到1元；12岁以上每周拿2元。他还给每个孩子发一个小账本，让孩子们记清自己的每一笔花销，每周在领钱时都要交给他审查。如果漏记一笔，还要罚5分；记录正确的，可以得到5分的奖励。

不过，孩子们如果想"手头"宽裕一些也可以，就是通过做家务来自己挣钱。如，抓到100只苍蝇可拿到1角；逮住一只老鼠可拿到5分。另外，种菜、除草、收菜、卖菜等，也可以获得一定的收入。有的孩子还通过给全家人擦皮鞋挣钱。

对自己的这些规定，洛克菲勒说："我是要孩子们懂得金钱的价值，让他们不要糟蹋金钱，要把钱花在最有用的地方。如果想要更多的钱，就必须靠自己的本事去挣，而不是伸手向我来拿。"

同时，洛克菲勒还要求孩子们在穿戴上尽量节俭，衣服破了，可以缝好继续穿。他甚至亲自教孩子们学习缝补自己的衣服，连男孩子都要学。正因为具备了这样的"基本功"训练，1968 年，他的二儿子纳尔逊在竞选美国总统期间的一件小事儿让人大开眼界：那天，他正在参加竞选，忽然发现裤子后面的缝线裂开了。这位家财亿万的总统竞选人，竟然不慌不忙地从自己的旅行袋中拿出针线包，一针一线地自己动手把裤子缝好！

正因为洛克菲勒的"抠门"教育，孩子们不仅养成了很好的习惯，而且个个都很独立、能干，事业有成。

<<< 家教家风感悟

洛克菲勒对孩子的教育是十分成功的，尤其对孩子的金钱教育，的确有许多值得现在家长学习和借鉴的地方。

随着孩子的长大，会不可避免地与金钱打交道。有许多父母，对孩子花钱从来都是"最大方"，宁可自己省吃俭用，也要给孩子吃最好的、用最好的，结果养成了孩子花钱大手大脚的习惯，甚至因此而变得好吃懒做、挥霍无度。

相信没有一个父母愿意看到孩子变成这样，所以，不论你是家财万贯，还是爱子如命，都不要在金钱上过于骄纵孩子，而应向洛克菲勒学学，从小培养孩子正确的金钱观，通过引导孩子挣钱、花钱来教育孩子拥有独立自主的意识，并学会怎样有计划地消费，从而让孩子养成量入为出的金钱控制习惯。

1. 让孩子明白金钱的来之不易

一些孩子之所以对花钱没概念，甚至花钱如流水，往往是因为不知道挣钱的艰辛。有些父母对孩子过于溺爱，孩子要什么，父母就满足什么，让孩子处于衣来伸手饭来张口的状况中，自己根本没付出过什么，因而对金钱也完全没有概念。

所以，在对孩子进行金钱教育时，父母一定要规划一些活动，让孩子体会一下挣钱的不容易。比如，利用周末和孩子一起去捡拾废品卖钱；对于稍大一些的孩子，可以让他们到外面做一些兼职或散工，通过这些方式让孩子体会一下金钱的来之不易，知道每一分钱都是要付出辛苦才能得到的。这样孩子才能懂得珍惜金钱，并尊重父母的劳动成果。

2. 鼓励孩子养成存钱的习惯

当孩子长到七八岁后，父母不可避免地要给孩子一些零花钱。为了防止孩子养成花钱大手大脚的习惯，父母不妨鼓励孩子从零花钱中拿出一部分存起来。也可以给孩子制订一个目标，等存到多少钱就允许孩子自己做主，用这部分钱买一件自己喜欢的东西。

一般来说，孩子对自己攒的钱会比对父母给的更加珍惜，不过要注意的是，孩子攒钱的耐心最多只有三个星期。如果你想让孩子攒得更多、更久一些，还得考虑用其他方法引导。

3. 让孩子明白：不是所有劳动都可以赚钱

在孩子明白劳动可以创造财富后，有些孩子便打起来"小九九"，跟父母要求利用做家务来赚钱。有些父母也会答应孩子，比如孩子自己洗袜子给多少钱、浇花给多少钱、擦地给多少钱、扔垃圾给多少钱等。

其实这种教育方式并不恰当。要知道，孩子是家庭中的一员，他有义务帮助父母分担家务，也需要学会"自己的事情自己做"，而且这样做也是在锻炼孩子独立自强的能力，让孩子学会照顾自己，懂得对家庭负责。这些劳动都不应该成为孩子用来交换报酬的方式。

当然，如果像洛克菲勒的子女那样，通过自己种菜、收菜、卖菜等劳动换来的金钱，才算是自己的收益，也才是自己真正凭劳动所获得的报酬。

靠人不如靠自己
——郑板桥教子自立

郑板桥是我国清代著名的书画家、文学家。他的书画书法皆享有很高的声望，其诗、书、画被称为"三绝"。

郑板桥 52 岁始得一子，取名小宝。为了把儿子培养成人，郑板桥非常注意教子方法。在小宝出生后不久，郑板桥就被调往山东去做知县，小宝便留在家里，由妻子和弟弟郑墨照顾。他看惯了那些富家子弟的骄奢，也担心妻子和弟弟宠坏小宝，因此经常写信回去询问小宝的情况，还多次嘱咐妻子和弟弟不要骄纵小宝。

小宝 6 岁时，郑板桥才把一家人接到自己身边，小宝也来到了父亲身边。自此，郑板桥每日亲自教导小宝读书，还要求儿子每天必须背诵一定量的诗文。同时，他还常给儿子讲述穿衣吃饭的艰辛，并让儿子做一些力所能及的家务劳动，如洗碗、洗衣服等。

12 岁后，郑板桥又让儿子学着用小水桶从井里挑水回来，不管天冷天热，都要去挑，而且每次必须挑满。

当时，山东多地灾荒严重，郑板桥为官一向清贫，家里也已好几天揭不开锅了。一天，小宝哭着说："娘，我肚子好饿！"妈妈从灶上拿来一块玉米窝头塞给小宝，说："这是昨天你爹爹节省下来的，快拿去吃吧！"

小宝高兴地拿着窝头，坐在门口吃了起来。

这时，他忽然看到一个光着脚的小女孩正站在不远处，眼巴巴地看着他手里的窝头。小宝马上站起来跑过去，把自己的窝头分给小女孩一半。后来郑板桥知道这件事后，很高兴地夸赞了小宝。

郑板桥一直都很注重对孩子进行自立教育。在临终前，他还给小宝留下遗言："流自己的汗，吃自己的饭，自己的事自己干，靠天靠地靠祖宗，不算是好汉！"这几句遗言，既是郑板桥的家风，也是他一直奉行的教子法则。

<<< 家教家风感悟

没有不疼爱自己孩子的父母，但疼爱不等于娇惯溺爱。郑板桥晚年得子，对儿子小宝的疼爱程度可想而知。但是，看惯了富贵子弟的骄奢淫逸，郑板桥更懂得"惯子如杀子"的道理。因此，即使内心万分疼爱儿子，他却从不娇惯儿子，反而想方设法锻炼儿子的自立能力。直到临终，仍在谆谆嘱咐儿子：要自立、自强，不要依靠别人。

对比今日，有多少父母包揽了孩子的所有事务：小到吃穿、学习，大到工作、买房，父母都是倾尽全力，为的就是让孩子舒坦。结果，越来越多的孩子长成了"高分低能儿"，独立生活能力极差，甚至长到几十岁了，还在啃老！这还是父母疼爱孩子的初衷吗？

孩子总有一天要自己独立走向社会，父母不可能让他们依靠一辈子。如果你想让孩子日后更好地适应社会，走出一条属于自己的成功之路，就必须从小锻炼他们的自立能力，让他们懂得：靠天、靠地，都不如靠自己！

1. 让孩子学会承担责任

要想让孩子变得自立，就要帮助孩子告别依赖，而告别依赖的一个重要表现，就是鼓励孩子独立地生活。要独立地生活，就要让孩子做到自己的事情自己负责。孩子在面对生活中的各种事情时，只有明确了自己的责任，并勇于承担自己的责任，才能成为一个真正靠自己的人。

郑板桥在教育小宝时，就很注重这一点。从小宝到他身边起，他就有意识地让小宝做一些力所能及的事，为自己的事负责，甚至要为家中的家务负责，比如洗衣服、洗碗等。大一些后，他又让小宝承担为家庭挑水的责任，增加孩子的责任心，同时也让孩子明白：这些事都是属于我们自己的家务事，不能依赖别人的帮忙。虽然都是一些小事，但却可以成为锻炼孩子自理能力的好机会，让孩子慢慢脱离对父母的依赖。

2. 把对孩子的爱藏起来一半

现在一说起培养孩子的各种生活习惯，很多父母可能都有点困惑：自己到底是懒点好还是勤快点好呢？

其实，该懒则懒，该勤则勤。手可以懒，嘴也可以懒，但心却不能懒。少帮孩子做点，少说孩子点，但心里却需要经常琢磨事情。当然，这样做并不是说不去爱孩子，孩子是肯定需要父母的爱的，父母的爱也会滋润他们健康地成长。

但是，现在很多孩子获得的爱太多，甚至"过剩"了，所以父母不妨学会控制一下自己的爱，把对孩子的爱藏起来一半，放在心底，给孩子一些独自克服困难的机会，让他在不断探究的过程中完成一些力所能及的任务。只有多给孩子机会，才能让孩子学会独立，也才能在将来更快地适应社会，掌控自己的未来。

3. 在日常生活中锻炼孩子的决策能力

孩子要想未来不靠天、不靠地，完全靠自己，就必须具备一定的决策能力，这样才能够对自己的生活负责、对自己的事业负责、对自己的人生负责。

要锻炼孩子的决策能力，父母就要在日常生活中真正将孩子当成家庭的一分子来对待，不论孩子多大，都要有意识地与孩子沟通家里的事，有时遇到麻烦还可以让孩子跟着出谋划策。这不仅有助于提高孩子的责任感和思考能力，对培养他的决策能力也大有帮助。如果孩子能从小就具有自己决策的能力，长大后就有可能更好地把握机会，遇事也能够当机立断，做出最正确的选择。

培养孩子做家务的能力
——"犹太母亲"沙拉·伊马斯的爱子之道

沙拉·伊马斯是一位犹太人后裔，同时也是一位出色的亲子教育专家。她成功地培养了三个子女，让三个原本衣来伸手饭来张口的孩子，不到 30 岁就实现了世界富豪的梦想。她是怎么做到的呢？

沙拉的三个孩子出生后，为了让孩子们的生活更好些，她不得不每天起早贪黑地做些小生意，劳累一天后，回到家还要辅导孩子的功课。虽然很忙很累，但她把孩子们照顾得很好，沙拉甚至说当时自己就是孩子们的"电饭煲""洗衣机""清障机"，每天忙得不可开交。

有一次，一位邻居来沙拉家串门，看到沙拉正手忙脚乱地给孩子们做饭，然后再把饭菜一份一份地摆到桌子上，等着三个孩子来吃。

邻居很不解，她严肃地对沙拉说："你这样做其实是害了孩子！孩子是家庭的一员，他们有责任做一些力所能及的事，帮助大人分担责任。"

邻居的话让沙拉彻底醒悟，同时她也发现，自己每天这样辛苦照顾孩子，的确让孩子滋生了许多懒惰和依赖的坏习惯。沙拉下定决心，她要改变自己的教育方式。

于是第二天，沙拉制订了一份家庭规划，然后把三个孩子叫到一起，把画好的值日表展示给孩子们看。值日表上分别规定由哪个人、在哪个时间段打扫卫生、洗衣服、做饭等。她还告诉孩子们："你们已经长大，可以帮妈妈分担一些家庭责任了。"

在妈妈的要求下，老大以华首先担任起了"值班家长"。第二天早晨，他不仅给全家人买了早餐，还收拾好了房间，拖好地板，同时还帮妈妈买好了晚餐的菜。

沙拉发现，当她慢慢放手让孩子们去做事时，孩子们其实都很能干，完全不像自己当初想的那样，认为他们什么都做不了。相反，当遇到困难时，孩子们还会互相商量，主动想办法去解决。

现在，沙拉的三个孩子都早已成年，并在各自的领域中做出了出色的成绩，这与母亲沙拉·伊马斯的家庭教育是分不开的。

<<< 家教家风感悟

为了教育好孩子，沙拉·伊马斯自创了一种家教方法，叫"特别狠心特别爱"，其核心就是培养孩子的生存技能、处理问题的能力等。沙拉认为，现在很多父母对孩子都百般呵护，生怕孩子受委屈，这也直接导致孩子的自理能力、适应社会能力等较差。哪怕已经成年了，孩子在精神上仍然不能"断奶"，经济上难以独立，最终沦为"啃老族"。这既是家庭教育的悲哀，也是孩子的悲哀。

孩子虽是一个独立的个体，但总有一天也要独立地迈向社会，如果父母不尽早给孩子锻炼自立的机会，那么孩子走向社会后，又怎么能很好地适应呢？

所以，聪明的父母不做孩子的"包办管家"，而是做一个参谋、观察、提醒孩子的"军师"，逐渐学会对孩子放手，让孩子从学做各种家务开始，逐渐培养起动手、动脑能力，从而变得独立、自强、有责任感。

1．从小就为孩子树立自立自强的观念

孩子的自理能力差，往往都是出于父母对孩子的过分溺爱，就连沙拉一开始也曾陷入这样的教育误区中。很多父母生怕孩子累着，所以宁肯自己忙点累点，也要把孩子的衣食住行照顾好。

殊不知，父母这样做其实是扼杀了孩子活动的内驱力，削弱了孩子研究探索外界事物的主动性，令孩子逐渐产生消极、懒惰的心理，做事也缺乏耐心和恒心。

为了避免这种状况出现，父母就要像沙拉一样，"特别狠心"一点，从孩子很小时就给他们灌输自立自强的观念，鼓励孩子自己动手做一些力所能及的家务，如收拾玩具、擦地、扔垃圾等，既锻炼了孩子做家务的能力，又让孩子从小学会对家庭负责。

2．培养孩子的自我管理能力

对于孩子的成长来说，学会自我管理是非常重要的。因为孩子总有一天要走向社会，要独自面对生活中的种种困难。如果孩子从小事事依赖，不能很好地管理自己、规划自己的学习和生活，长大后也很难快速融入社会。所以，在孩子成长过程中，父母应尽量为孩子创造一些锻炼的机会，和孩子一起成长，帮助孩子提高自我管理能力，这样才能使孩子日益趋于独立。

比如，从小引导孩子学会自己的事情自己做、自己的东西自己负责、自己的生活自己安排，这些习惯不但能很好地增强孩子行动的独立性、目的性和计划性，对于孩子今后生活的幸福和成功都会有巨大的帮助。

3．对孩子多引导、少苛责，多鼓励、少强制

虽然培养孩子做家务、独立自理等能力很重要，但父母也要注意，不论你希望孩子做任何事，或者给孩子安排了任何家务，都要用平等的态度和孩子认真商量，如像沙拉一样，制订一份值日表，和孩子耐心地商量如

何执行等，切不可强迫孩子必须做你认为对的事。如果孩子出现某些不当行为，也要耐心地引导、教育、鼓励孩子，而不是责骂、呵斥孩子，或强制孩子必须遵守你的要求。这不仅会引起孩子的叛逆心理，更不利于孩子自立能力和自我管理能力的养成。

鼓励孩子自己去打拼
——刘永行的教子法

刘永行是东方希望集团董事长，曾多次荣登福布斯全球富豪榜，是福布斯中国百富之一。

在教育子女方面，刘永行也有一套自己的教育理念。他曾经说："如果财富无法保证后代能够成为最优秀的人，那么，还有什么能够保障子孙后代的长盛不衰呢？是家教和思想。"在刘永行看来，与其将孩子向有钱人的方向塑造，倒不如将孩子向有心人的方向塑造。因为任何一个人要想获得成功，都必须是一个有心人。

刘永行有一个儿子，名叫刘相宇。他对儿子最大的希望，就是希望儿子可以继承他们那一代人独立自强、不畏艰难的品质。因此，他很早就要求儿子独立生活。在创业的初期，由于他和妻子平时都特别繁忙，根本无暇照顾儿子，他就把儿子寄养在朋友家，让儿子尽早适应独立的生活。当时相宇刚上小学，也就七八岁的样子，对离开父母很不适应，但刘永行还是"狠心"地坚持了这样的安排。而等相宇初中一毕业，刘永行又把他一个人送到美国留学去了。

虽然从小就很独立，但毕竟身边还有亲人，现在一下子被父亲送到异国他乡，年少的相宇一开始很不习惯。但"既来之，则安之"，相宇也只好慢慢依靠自己克服各种困难，半年下来，他对自己的留学生活已经很"享受"了。

刘相宇没有辜负父亲的教导，终于学成归国。大家原本以为，刘永行会将自己的事业慢慢交给儿子打理，然而他却并没有这么做。刘永行觉得，自己的事业和财富都是属于社会的，对于儿子，"授之以鱼，不如授之以渔"，他希望儿子能够依靠自己的力量去创立属于自己的事业。

对此，刘永行说："我们的祖先早就说过：富不过三代。给后代留下太多的财富，反而会害了他们，让他们不思进取。……如果他足够优秀，自然会坐到那个关键的位置上；如果不够优秀，那就要把企业交给更优秀的人，才能让企业延续下去。世界上没有一个人能把财富五代十代地传下去，这是一个现实的真理。"

<<< 家教家风感悟

刘永行虽然是中国百富之一，但却不骄纵儿子，而是从儿子小时候起就锻炼他的独立性。而且，他最希望儿子继承的也不是他的企业和财产，而是他们那一代人独立自强、不惧艰难的优秀品质，然后依靠这些品质去自己打拼。

对比一下，现在有多少父母正奔波在为孩子奋斗的路上？希望将来能多给孩子留点钱，让孩子少吃点苦头。然而，他们却忽略了最重要的一点：如果孩子缺乏真才实学，缺乏独立、自强、坚定的优秀品质，给孩子留多少钱才能保证他一生都衣食无忧呢？

"授之以鱼，不如授之以渔。"给孩子留的钱再多，也不如教会孩子创业、挣钱的本领。刘永行是从创业的艰辛和守业的艰难中熬过来的，对这一点更是体会深刻，因而在教育儿子时，也很注重培养儿子的自身能力，以及自立、自强的品行，并鼓励儿子凭借自己的本领去打拼。当孩子具备了创业的能力，以及独立自强、不畏艰难的优秀品行，哪怕不去继承亿万家财，在自己的事业中也会搏出一片天地。

因此，与其现在辛苦地替孩子打拼事业，不如学学刘永行的家风，从小培养孩子自立自强的品行，鼓励孩子为自己的人生打拼。

1. 为孩子提出任务，鼓励孩子独立去完成

为了更有效地锻炼孩子的独立性，父母可以有目的、有计划地交给孩子一些任务，并鼓励孩子独立地去完成。比如，让孩子自己搭积木、粘贴好一幅画、修补自己的小玩具或书本、照顾家里的植物等。也可以在保证安全的情况下，让孩子独自去取快递、购买一些日用品等。

如果孩子在这些活动中遇到困难，父母也别急着帮他解决，而是鼓励孩子自己想想办法，努力去克服。当孩子凭借自己的力量克服了困难后，父母一定要及时给予表扬，强化孩子的独立行为，让孩子获得成就感。

2. 适当地创造机会，让孩子感受挫折

刘永行为培养儿子的独立性，在儿子初中一毕业，就把他一个人送到国外读书。一个十几岁的孩子，在一个完全陌生的国家，肯定会遇到很多困难。但也正是这些困难，磨炼了刘相宇的意志，培养了他自我抉择和解决问题的能力。

我们也可以参照刘永行的这一做法，虽然不一定也要把孩子送出国，但可以创造其他机会，让孩子感受一下挫折。比如，多创造一些机会，让孩子接触各种各样的人、事物、环境等，在这个过程中，如果孩子遇到了一些困难，父母也不要急着帮孩子解决，而是鼓励、支持和引导孩子按照正确的思路，独立地去解决。

还要注意的是，如果父母感到孩子的解决方法不恰当，也不要马上否定或打击孩子，可以通过委婉的方法提醒孩子，引导孩子寻找更恰当的解决方法。当孩子体验到克服困难的成功和快乐时，就会逐渐内化为信心和动力，从而促使孩子继续努力，增强独立意识和独立能力。

让孩子成为乔木，而不是温室里的花朵
——王永庆的家教原则

王永庆是台湾的著名企业家、台塑集团创办人，被誉为台湾的"经营之神"。

王永庆共有 9 个子女，个个都很有成就，其中我们最为熟知的就是 HTC 董事长王雪红。她不仅只身创业，先后统领威盛、宏达等企业与英特尔、苹果挑战，还收购了香港 TVB。2011 年，王雪红以 63 亿美元的身家，晋升为台湾首富，并被 2011 年 11 月出版的《福布斯》杂志称为"无线通信领域最有权势的女性"。

"富二代"的成功，离不开"富一代"的言传和身教。王永庆的家教十分严格，每个孩子在很小的时候，都被父亲"赶"到国外去独自求学、生活。王雪红也不例外，15 岁时，她就被父亲送到美国读高中。在这个人生地不熟的地方，没有亲人在身旁照顾，困难可想而知。然而，王永庆却从不给孩子们打电话，因为觉得打越洋电话"太贵了"。但他会每隔两周就给每位孩子写一封信，而且还要求孩子们回信，汇报自己在国外的学习和生活情况，关键是要报告自己都花了哪些钱，甚至连买牙膏的钱都要记账！这样，王永庆才会继续给他们寄生活费。王永庆之所以这么做，就是要子女们知道：赚钱是不容易的，因此也不能随便消费。

虽然身边很多人都觉得王永庆对孩子们太苛刻了，但王永庆认为，孩子就应该培养成为能在恶劣环境中生长的乔木，而不是温室中的花朵。为此，他在教育孩子过程中，从不溺爱孩子，更不给孩子随意享受的机会。正是王永庆的这种家教理念，锻炼了孩子们吃苦、独立和努力进取的精神，最终都在各自的领域取得了出色的成就。

2008 年 10 月，王永庆去世。同年，王雪龄在接受《商业周刊》访问时，谈到父亲表达对子女爱的方式，就是让孩子们早早独立，面对困难，培养孩子们的毅力。

<<< 家教家风感悟

作为台湾最有钱的人，王永庆原本可以为年少的子女提供最为优渥的生活，让孩子们心安理得地当"富二代"。可他没有这样做，反而比很多普通父母更加严格地教导孩子，宁愿让孩子多吃苦、多闯荡，也不愿孩子们因为富裕而懈怠独立、上进的意志，这既与王永庆早年自己创业的经历有关，又说明了他具有长远的目光。财富总有花完的一天，而让孩子们具备独立创业的本领，才能令家族企业长盛不衰，也才能使孩子们发挥出最大的人生价值，为社会做出更大的贡献。

可见，让孩子尽早学习独立，培养孩子的坚定意志，也是帮助他们成长和成才的关键一步。父母们要清楚地意识到，孩子将来的一切都离不开自身的奋斗，而独立自强的能力也是一个人生存和发展的基本能力。这种能力不是天生的，是需要从小培养的。

1. 父母要战胜自我，舍得对孩子放手

在培养孩子独立自强的个性时，最关键的就是父母要战胜自己，舍得对孩子放手。有些父母也有意培养孩子的独立性，可一看到孩子遇到困难时着急的样子，不是鼓励孩子想方设法去战胜困难，而是立刻代劳，帮孩

子出谋划策、解决难题。

还有些父母，明知道应该让孩子独立去克服困难，坚持自己去做事，但只要孩子一哭闹，立刻就会心软妥协，依了孩子的意愿，导致前功尽弃。

这些做法，都是很难培养起孩子的独立性的。所以，为了孩子的未来，我们不妨学学王永庆，对孩子"狠一点"，逼他一把。也许你今天的"狠心"，正是让孩子明天变得优秀的"催化剂"！

2．给孩子"金山"，不如给他"点金术"

不管是"金山"还是"银山"，都不是父母留给孩子最好的靠山，最好的靠山是教会孩子掌握"点金术"。"点金术"可不是随便就能掌握的，不独立、没毅力、没能力，是根本掌握不了的！

我们经常会看到，那些为子女留下财富越多的人家，越容易养出不成器的败家子，于是就算富可敌国，也"富不过三代"。白手起家的王永庆，对此自然深有感触。因此，他在教育子女时，才会对子女那么"苛刻"，不多给钱，不允许他们养尊处优，就是为了让子女明白：要想"点石成金"，就必须学会自力更生，凭自己的本事吃饭。否则，就算真给子女留下一座金山，也架不住子孙坐吃山空、挥霍耗尽。而培养孩子独立自强、自力更生的能力，才是为孩子找到了一条最好的出路！

别对孩子过度庇护
——罗斯福的"独立教育法"

罗斯福是美国历史上最伟大的总统之一，也是美国历史上唯一一位连任四届的总统，在美国乃至世界历史上都产生了重要的影响。

这样一位伟大的人物，不仅治国有略，而且教子有方。他在教育孩子时，一是从不庇护、溺爱孩子，二是从不允许孩子享有特权。"对儿子，我不是总统，只是父亲。"这句话也是罗斯福一贯坚持的教子原则。

罗斯福十分反对孩子们依赖父母过寄生虫的生活。当儿子们走出学校后，他就不再为他们提供任何资助，而是让他们凭自己的本事去创业、赚钱。有一次，他的大儿子詹姆斯到欧洲旅行，在回程前用路费买了一匹特别漂亮的马想带回去。没了路费，詹姆斯只好向老爸求助，而罗斯福却说："你和你的马游泳回来吧！"无奈之下，詹姆斯只好又把马卖掉，买票返了回来。

同时，罗斯福非常注重培养孩子的独立人格，甚至认为孩子从小就应该学着在思想上保持独立。当第二次世界大战打响后，儿子问父亲，自己该怎么办？罗斯福回答说："如果你们要我告诉你们该怎么办，那么首先你们要认清我是一个怎样的父亲。你们的事，你们要自己决定，我不会干预。"

于是，罗斯福四个含着金钥匙出生的儿子，个个都像普通老百姓的孩子一样，积极投身于战争当中，甚至在前线与敌人正面战斗。罗斯福还告诫他们说："拿出良心来，为美国而战！"而四个儿子也完全没有因为自己是总统的儿子就享有什么特权，在战争中都取得了出色的成绩。

<<< 家教家风感悟

每个父母都希望能护孩子一世周全，不忍心让孩子吃一点苦、受一点累，甚至会想方设法扫清孩子成长路上的障碍。却不知，凡事过犹不及，对孩子过度庇护，会让孩子变得弱不禁风、懒惰依赖。

成功的父母往往都懂得教育的真谛，罗斯福也不例外。在他看来，孩子本身并不都是"玻璃心"，只是父母的过度保护才让他们丧失了独立自强的信心和决心，遇到一点困难就轻易屈服。那么有一天，当父母的庇护鞭长莫及、无法再为孩子提供保护时，孩子该怎么办？

所以，要想让孩子未来成长为一个坚强、独立、有勇气、有责任心的人，父母就必须学会"狠心"地放开双手，让孩子自己去经受挫折，独自去尝试着解决人生路上的各种难题，这样才能让孩子具备"破茧而出"的能力，最终"羽化成蝶"。

1. 不让孩子享有某些特权

在美国的一份报纸上，曾登过这样一则报道：有一个小学生，因为破坏学校的行为而被学校处罚停乘校车一周，为此，孩子只好每天走着去上学。有人问他的母亲，为什么不用家里的汽车送孩子去上学？孩子的母亲坚决地说："不，他应该对自己的行为负责！"

2. 鼓励孩子在某些事上自己做决定

罗斯福不仅注意培养孩子生活上的独立性，还很注意培养孩子思想上的独立性，所以当二战爆发后，孩子们问他自己该怎么办，他对孩子们说：

"你们的事，你们要自己决定，我不会干预。"

当孩子做出错误的决定时，父母也不要马上给予批评或否定，更不应强迫孩子遵从自己的意见，可以多给孩子一些必要的提示，启发孩子，给孩子讲清其中的道理，引导孩子做出更加合适的抉择。

3. 引导孩子学会取舍

任何一个人，在人生路上都可能会遇到需要做出取舍的事情。不管取什么、舍什么，肯定都会有得有失。但正是这种取舍、得失，可以有效地锻炼孩子的独立能力。

为此，父母可以有意地制造一些情境，让孩子学会取舍。一种是双趋选择，比如问孩子：想在家看电视节目，还是去参加一个有趣的活动？鱼和熊掌不可兼得，让孩子学会放弃；另一种是"双避"选择，因为人生中的事有时难免进退维谷，那就要让孩子学会"两害相衡择其轻"。

而更多的时候，我们面临的都是趋避选择，即多数情况都有利有弊、有得有失。而在做出决定前，孩子就需要考虑利弊得失后，再做出最佳选择。比如，罗斯福的大儿子詹姆斯在买完马后，就没有回家的路费了，在向父亲求助被拒后，他就要权衡利弊、做出取舍。在这个过程中，罗斯福也相当于给了孩子选择的机会，让孩子有自我决策和选择的权利，凭自己的思考、能力去决定做什么事、如何做。而这个过程也可以让孩子从中学会接受得失，同时也学会为自己的行为负责。

第 5 章

**让孩子懂得，
学习是一生的事业**

挖掘孩子的天赋
——居里夫人与她的"诺贝尔奖"孩子们

居里夫人是波兰裔法国籍著名女物理学家、放射化学家，一生致力于放射性现象的研究，也是历史上获得两次诺贝尔奖的第一人。

居里夫人不仅自己在科研方面取得了令世界瞩目的成就，而且培养了两个出色的女儿，其中大女儿伊蕾娜·约里奥·居里还获得了诺贝尔化学奖。

居里夫人虽然在科研上花费了大量的时间和精力，但她却从未疏忽过对两个女儿的教育。为了发掘女儿的天赋，早在大女儿伊蕾娜和小女儿艾芙牙牙学语时，她就开始仔细地观察两个孩子的不同。通过一段时间的耐心观察，居里夫人发现，大女儿伊蕾娜对数学很感兴趣，而小女儿艾芙则在音乐上比较有天赋。

当两个女儿上小学后，居里夫人又开始让她们每天进行一小时的智力活动；上中学后，她又在女儿放学后再给她们加上一节特殊的"教育课"。

这个特殊的"教育课"是在她的实验室进行的，她请实验室的化学家教授两个女儿化学，还请当地有名的数学家教她们学数学，又请当地最著名的雕刻家教授她们雕刻和绘画……而每周四的下午，居里夫人还会亲自教两个女儿学物理。

经过大约两年的"特殊教育"以及居里夫人对两个女儿的观察、比较后，她最终得出结论：大女儿伊蕾娜具备科学家的潜质，小女儿艾芙的天赋领域是文艺。

随后，居里夫人开始有针对地培养两个女儿，让伊蕾娜专攻科学领域，而让艾芙去学习音乐和文学。最终，两个孩子也在各自的领域中取得了出色的成就，伊蕾娜像母亲一样，获得了诺贝尔奖；艾芙则成为一名优秀的音乐教育家和传记作家。

<<< 家教家风感悟

居里夫人之所以培养出了两个优秀的女儿，离不开她善于发掘孩子天赋和潜能的特殊教育方法。一个人的天赋是生来就有的，它不能被培养出来，也不能被造就出来，却可以被挖掘出来。居里夫人正是运用这种教育方法，最终让两个女儿在各自的天赋领域内大放异彩，成为历史上成功教育的典范。

其实，每个孩子都是一个独特的个体，都会有一种或几种特殊的本领、技能或特质，也有自己的智力强项和弱项领域。而孩子的智力强项就是他潜在的天赋与才能所在，如果父母懂得用正确的方法去引导和发掘，通常可以帮助孩子展现出某些天赋，从而提高孩子的领悟力、创造力等能力。

那么，怎样才能正确地引导和发掘孩子的天赋呢？

1. 为孩子提供在多个领域尝试的机会和条件

为了发掘孩子的天赋，居里夫人不仅从女儿很小的时候就对她们细心观察，更是在女儿能够接收一定量的知识后，为女儿创造各种机会去不断尝试和学习，最终也发现了两个女儿的不同潜质。

但在现实生活中，一些父母往往不了解自己孩子的智力特点，或者因为盲目攀比，为孩子选择一些孩子不喜欢、不擅长的领域，强迫孩子去学习，而这也许正是孩子的弱项，结果是父母和孩子都疲于应付，反而将孩子真正的天赋埋没了。

如果父母能为孩子多提供一些领域，让孩子自己去选择和尝试，孩子就会对自己优势的领域表现出较为强烈的兴趣。有了兴趣就等于成功了一半，孩子也会在该领域保持较高的学习热情，从而获得一定的发展。

2. 平时多注意观察和了解孩子

有些孩子，从小就是天才，自己也知道自己喜欢什么、擅长做什么。对于这样的"天才孩子"，父母只需顺着他们的兴趣去培养就行了。

但更多的孩子是不清楚自己到底喜欢什么、擅长做什么，这就要父母多付出一些心血了。居里夫人在两个女儿刚学说话时，便开始耐心地观察她们的个性特征、兴趣爱好等，这样才能在以后的教育中有的放矢，有针对性地对孩子展开教育。

我们不妨也借鉴一下居里夫人的方法，拿出耐心来，在日常生活中多注意认真地观察孩子，了解孩子有哪些特点、爱好、兴趣等；也可以在一些游戏当中进行观察，孩子在玩自己喜欢的游戏时，通常都会表现得特别专注、热情，这也是孩子最能展现真实自我的时候。通过这些方式弄清孩子的个性特征、兴趣爱好后，再有针对性地为孩子提供相应的领域，让孩子去尝试和体验，去接触各种各样的知识，积极地展现自己的才能。

当孩子在不同领域进行尝试和体验时，父母同样需要仔细观察、对比，最好随时记录孩子的表现，并尽可能多注意孩子积极、热情的一面，记录他在某一领域所表现出来的优点、长处等。

有了这些细心的观察和了解，我们往往可以发现孩子在某些方面的天赋和才能，知道孩子到底喜欢什么、擅长什么，然后再因材施教，从而让孩子的天赋获得最全面的发展，帮助孩子开启精彩的未来。

积极培养孩子的阅读习惯
——布什家族的"家庭朗读"

布什家族是美国最显赫、最尊贵的家族之一。其中，乔治·赫伯特·沃克布什是美国的第 51 届总统，他的儿子小布什则连任美国第 54 届、第 55 届总统。

布什家族在家庭教育方面，有一套十分著名的、独特的"祖传"秘诀，是由乔治·布什的夫人芭芭拉·布什发明的，这个秘诀就是布什家族的"家庭朗读"。

芭芭拉·布什认为："让孩子们迷上读书，比父母的任何教育都有效。"因此，自从她有了孩子之后，她就开始组织"家庭朗读"活动，而且一直坚持很多年。

孩子们还很小的时候，都喜欢听故事，于是布什夫人就经常在孩子们睡前给他们读故事听。她说："父母在什么时候给孩子读书无关紧要，但在每天的同一时间里，至少要读上 15 分钟，这样孩子就会有很大的收获。"

在孩子大一些后，孩子们便开始读他们自己喜欢的书。不过，在孩子们能够自己读书之后，布什夫人又会选一些内容较深的书来读给他们听。等孩子们再大一些，她又会选择一些幽默小品、长诗和一些比较复杂的故事等，读给孩子们听。

当然，在给孩子们读故事时，布什夫人并不完全要求孩子们乖乖坐好，听她读就行了，而是会时不时地问一些问题，鼓励孩子们来回答。回答对错不重要，重要的是激发孩子的参与性和阅读兴趣。

另外，布什夫人不光自己给孩子们读书，还动员全家都来参与读书活动，既给孩子们做出了好榜样，又增加了学习兴趣。在芭芭拉的影响和号召下，布什家族中的每一个成员都养成了阅读的好习惯。

<<< 家教家风感悟

阅读习惯是孩子一生的财富，澳大利亚教育部与墨尔本大学合作的一项研究，通过大量的统计数据揭示了关于阅读的重要结论：阅读与孩子将来的教育结果有着直接的因果关系，而与父母的收入、教育水平或文化背景等关系不大。

作为美国的第一家族，布什夫人也深谙阅读的好处，因为她自己就是从小时候开始阅读的，并从中受益颇深。所以，在她教育孩子时，也将培养孩子的阅读习惯放在首要地位，除了每天为孩子们阅读外，还定期举办家庭阅读活动，不仅让孩子们增长了知识和学习技巧，还教会孩子们积极参与和责任感。

对于现代社会的父母来说，可能忙碌一天很辛苦，但晚饭后或睡前，给孩子读读书、讲几个故事，并不费多少精力，而且还是一种很好的放松方式。孩子也能从这一点一滴的阅读积累中，逐渐养成良好的学习习惯。

1. 营造良好的读书氛围

一个良好的阅读环境，对培养孩子的阅读习惯很重要。可以在家里专门设置一个书房，或专门为孩子空出一个读书的地方，让孩子能静心读书。

同时，父母还可以经常与孩子在书房里一起读书，当孩子读完一本书后，父母可引导孩子说说感想，或让孩子复述一些他认为有趣的情节和内容，互相交流读书体会，让孩子感受到读书的快乐。这样，孩子也会对读书产生亲切感、兴趣感和依恋感。

2. 对孩子所读的书要有所选择

有些孩子喜欢读书，但却不会选书，通常是见书就读，良莠不齐的书对人有着不同程度的影响。好书可以对人产生积极的影响，而坏书所具有的破坏性也是难以估量的。对涉世未深的孩子来说，如果不加分辨地乱读，无疑会影响身心的健康成长。这就需要父母根据孩子的年龄和接受程度，对孩子所读的书有所选择，有意识地引导孩子读一些有教育意义的书或名著、传记等。

比如，可以参照布什夫人的做法，为3岁以下的婴幼儿选择简单的图画书，以及一些与他们生活相关的文字较少的故事书；3~6岁阶段，可以选择一些画面丰富的绘本，或有关日常生活的儿歌、寓言等。6岁以后，孩子的阅读能力和理解能力增强，便可引导孩子自主阅读一些故事性较强的书籍了。

3. 定期举办家庭阅读活动

为了增加孩子阅读的积极性，我们不妨借鉴布什夫人的做法，也在家中定期举办一些阅读活动。活动可以由父母和孩子一起参加，也可以让孩子请他的小伙伴来参加。在活动中，可以规定每个人选一本自己认为最有趣的书，为其他人朗读一遍。如果是故事书，也可以让大家分别扮演故事中的角色，一起来演绎一遍这个故事，不但能强化书中的内容，更增加了阅读的乐趣。

学习要掌握方式方法
——董必武的点拨教子法

董必武是中国共产党的创始人之一，他不仅为中国的革命事业奉献了一生，还十分注重用自己的言行举止引导孩子们健康成长。

董必武共有三个子女，与许多父母一样，他对孩子们的学习尤其上心。在家里，他也经常和孩子们谈论有关学习方面的事，教导孩子们掌握正确的学习方法。

董必武外出工作后，在给两个正读初中的儿子的家信中，仍然多次强调学习方法的问题。他在信中写道："一定要注意学习的方式方法！这点我去年曾告诉你们。在学校学习时，最关键是上课时精神要集中，要认真听教师讲；下课后多多争取时间复习课文，有疑问时就记下，找机会问老师和同学……"

董必武发现，孩子们给他的回信往往都写得很短，除了几句问候的话，就没有其他了。于是，他又要求孩子们把给他的回信当成是语文练习的方法："以后写给我的信，要写到 200 字以上，除了问候外，可以写一些生活所见所闻。把写信作为一种语文练习不是很方便么？"

后来，在给儿子的信中，董必武又给儿子强调学习语文的方法："在学习语文时，每课至少要阅读十遍，有些课还要背诵下来。另外，每天还要练习写一篇 200 字左右的日记，写完日记后再去睡觉。一开始这样做可能有点困难，但坚持一段时间你就习惯了。要是你感觉日记没什么东西可写，那就把学过的语文课复述一段也可以。"

他还给在北京女一中就读的女儿写信说："我再强调一下，听课时一定要聚精会神！有不懂的地方就记下来问同学或老师。如果是重点课程，就要抽出一定的时间自学或温习……对于课外参考，以与重点课有关的为限。这样的学习方法对你有用……"

在董必武的悉心教导和点拨下，几个孩子学习成绩都非常出色，毕业后也都顺利走上了各自的工作岗位。

<<< 家教家风感悟

作为老一辈无产阶级革命家，董必武的日常工作是非常忙碌的，尽管如此，他仍然尽可能地抽出时间指导孩子们的学习。哪怕是不能陪伴在孩子们身边亲自指导，也会通过写信的方式经常为孩子们提供学习上的帮助，希望孩子们能掌握学习的方式方法，能够有技巧地学习。

董必武的教子方法在今天仍然适用。事实上，那些在学校成绩优异的孩子，并不是那些终日抱着书本苦读的"书呆子"，有时他们比其他孩子更注重游戏和玩乐，学习起来也更轻松。

总之，孩子学习成绩出色的原因并不在于孩子是不是在苦读，而在于孩子是否掌握了科学的学习方法。作为父母也不要每天只盯着孩子的学习时间，而应学学董必武，帮助孩子掌握一套适合自己的、科学的学习方法。

1. 会听课比按时上课更重要

在董必武给孩子们的信中，多次强调听课的重要性，因为课堂上的听课效率直接影响着孩子对知识的掌握程度。

课堂是孩子学习和掌握知识的重要场所，孩子只有在课堂上认真听讲，紧跟老师的讲课思路，并且主动动脑筋思考老师所讲的知识，积极参与到课堂的活动当中，才能获得良好的听课效果。所以，父母应告诉孩子，在课堂上听课时要做到眼到、耳到、口到、手到、心到，即眼睛认真看板书，看老师的动作表情；耳朵认真听老师讲解的内容，并积极回答老师提出的问题；对于老师板书的每一个知识点，都要及时记录下来；同时，大脑还要认真思考老师提出的每一个问题、强调的每一个重点，等等。

只有让眼、耳、口、手、心全都参与到课堂活动当中，才能获得最佳的听课效果，牢牢掌握住课堂上老师讲解的知识点。

2. 鼓励孩子自觉主动地学习

无论做什么事，没有什么比自觉主动更能调动人的积极性和创造力了。在这种良好的状态下学习或做事，也最容易做出出色的成绩。而孩子能否自觉主动地学习，也直接关系到其学业的发展水平。

董必武也深知自觉主动学习的重要性，因此在给孩子们的信中，也嘱咐孩子要"抽出一定的时间自学或温习"。"温故而知新"，父母也应根据孩子的特点，经常引导孩子自觉主动地学习、温习功课。最好从孩子感兴趣的方面入手，引导孩子将自己的兴趣与课堂知识联系起来，从而激发孩子的学习兴趣，让孩子自觉主动地爱上学习。

3. 面对孩子偏科现象，指导孩子改进学习方法

偏科的孩子通常都会先做自己喜欢的功课，后做不喜欢的功课，结果是越做越乏味，根本体会不到学习的乐趣。还有些偏科的孩子在学弱势学科时缺乏计划性、主动性、系统性，结果自然学得也不好。

根据这些情况，父母要帮助孩子适当改进学习方法，让孩子根据自己的思维特点、记忆特点、学科规律等，选择合适的学习方法，制订合理的学习计划；或让孩子借鉴一些优秀学生的学习方法。同时，也要经常鼓励孩子坚持下去，毕竟战胜弱势学科需要持久的耐力，不是三分钟热度就能做好的。

学习需要求真务实
——苏轼教子用实践求真知

苏轼是我国宋代著名文学家、书法家、画家，宋代文学最高成就的代表人物，在诗词、散文、书画等方面均取得了很高的成就。

苏轼在教子方面也别具一格。曾经，苏轼因罪被贬至黄州（今湖北省黄冈市）担任团练副使。这是个闲差事，也让苏轼得以有机会经常与长子苏迈一起读书写作，谈古论今。

有一次，父子俩又坐在一起聊天，聊着聊着便聊到了鄱阳湖畔石钟山的名称由来。苏迈为了弄清缘由，就从《水经注》等古书中查找答案。但苏轼总觉得这些答案有些牵强，不够可信。苏迈便想再多翻阅一些古书，而苏轼却阻止他说："不用再找了。凡是研究学问、考证事物，万不可人云亦云，或者只凭道听途说而妄下结论。我认为，石钟山这个问题，必须通过实地考察求实后，才能真正解决！"

由于没有机会前去考察，这个问题一放便是 5 年，一直到苏迈到饶州德兴市（今江西省鄱阳湖东）任职，苏轼将苏迈送到湖口，才得以有机会和苏迈一起去考察石钟山。

当晚，月色明亮，父子俩乘着小舟来到绝壁之下，沿着山脚慢慢寻找。当他们来到一个地方后，只听见一阵如钟鼓一般清脆高扬的声音。原来，这里布满了许多大小、形状、深浅各不相同的石窍，当它们受到波浪冲击后，就会发出不同的声响，宛如庞大乐队中的钟鼓齐鸣一般……

直到这时，苏轼父子才终于恍然大悟：原来这才是"石钟"名称的由来啊！

由此，苏轼也告诫儿子苏迈："事不目见耳闻，而臆断其有无"，是最不可能获得真知的！要想获得真知，就必须下一番功夫，亲自进行实地考察。只有本着这种求真、务实的精神，才能最终寻得答案。

<<< 家教家风感悟

苏轼对儿子的教育方式非常值得我们今天的父母效仿和借鉴。不管是日常学习，还是研究学问、考证事物，都不可以人云亦云，而应通过自己的亲身实践去寻找答案。这样既可以锻炼孩子的动手、动脑能力，又可以让孩子懂得学习要求真、务实的道理。

现在的孩子都很聪明，但也正因为聪明，有些孩子在学习时就会动用一些"小心思"，比如：抄袭别人的作业，从网上抄一些作文当成是自己的，遇到难题不自己思考，到网上找答案；甚至花钱"雇"人帮自己写作业……

这些行为，都是孩子在投机取巧，学习时不肯求真、不能务实！用这样的态度学习，孩子又怎么能取得好成绩呢？

如果想要孩子在学习中真正有所收获，父母就需要像苏轼老先生学习一下，引导孩子在学习中做到求真、务实，让孩子一步一个脚印，踏踏实实地走好自己人生的每一步。

1. 要让孩子做到，父母就要提前做到

求真、务实，其实也就是学习和做事要讲究实事求是。"实事求是"这四个字虽然简单，但却是人生中任何时刻都不能离开的东西。回想一下那些在某些领域做出过出色成就的人，我们几乎都能从他们的身上看到这

四个字。

如果你经常把这四个字挂在嘴边，说给孩子听，并不是什么难事；但如果你嘴里这样跟孩子说着，做法却完全相反，那么孩子就会很困惑，最后可能在不知不觉间就会模仿父母，走到了实事求是的对立面。

比如，有的父母当着孩子的面说"工作和学习都应该实事求是"，而自己却经常在工作中偷懒、耍小聪明，甚至还经常在孩子面前炫耀自己的"高智商"，久而久之，孩子就会学习父母的这些言行，在学习上耍小聪明。

所以，如果你希望孩子真正做到实事求是，首先就要关注自己的行为，反思自己的言行是否实事求是。身教重于言传，这方面尤其如此。

2．调动孩子的学习兴趣

对孩子来说，世界的一切都是新鲜的、有趣的，因而他也想去探索、去发现。智慧的父母会利用孩子的这种好奇心来调动孩子的学习兴趣，跟孩子一起去学习、去探讨，去共同寻找答案。

比如，当孩子带着问题向父母提问时，父母不要直接把答案或结论告诉孩子，因为这远不如让孩子思考"为什么"来得更重要。如，孩子问："红色和蓝色混合变成什么颜色？"你不要直接告诉他"变成紫色"，而应引导孩子去思考和实践："是啊，会变成什么颜色呢？我们要不要试验一下？"然后和孩子一起去试验、去思考，让孩子自己得出结论。

这样一来，孩子既牢固地掌握了知识，又懂得了学习中实践的重要性。如果经常这样引导孩子，孩子也会逐渐养成凡事都去探求真知的好习惯。

为孩子制订详细的学习计划
——杰斐逊培养女儿成才

托马斯·杰斐逊是美国第三任总统，《美国独立宣言》的主要起草人，美国开国元勋之一。

作为美国总统，杰斐逊是值得后人称颂的，而作为一个父亲，杰斐逊对女儿的教育更足以让他成为后世的楷模。

在杰斐逊 38 岁时，他的妻子便去世了，为杰斐逊留下了三个女儿。因为工作繁忙，他将两个小女儿托付给妹妹照顾，而将 11 岁的大女儿玛霞带在身边。为了让女儿成才，他不仅为女儿聘请了当时最好的音乐老师、绘画老师等，还特意抽出时间，根据女儿的实际情况，为她制订详细的学习计划和阅读计划。

杰斐逊在给朋友的信中谈到，他在给女儿制订学习和阅读计划时，不仅考虑到女儿的兴趣爱好，还加入了一些比较严肃的学科和书籍等，甚至包括"一定数量的最好的诗人和散文家的作品"。

后来，杰斐逊作为外交使节出使法国，他就将女儿送到费城上学，培养她对诗歌、音乐、绘画等方面的欣赏能力。在驻法国期间，杰斐逊还给女儿写了很多信，其中第一封信就是给女儿制订了一个作息表，并且还在其中写道："我为你请了许多老师，希望你能在他们的教导下学到更多的知识……"为了女儿的成长，杰斐逊可谓用心良苦。

杰斐逊不仅对大女儿玛霞这样要求，后来对两个小女儿的要求也是如此。他经常对孩子们说："下定决心的人会永不懈怠，从不浪费时间的人也不会抱怨时间的不足。只要努力，就可以做成许多事情！"

<<< 家教家风感悟

作为一国的政要，杰斐逊的日常工作非常繁忙，但即便如此，他仍然会抽出时间来关心女儿的学习，甚至为女儿制订出详细的学习和阅读计划，培养女儿成才。

学习是孩子成长过程中一个不可或缺的任务，然而很多家长可能发现，孩子在学习时往往很盲目，没有计划、没有目标，经常凭借自己的兴趣和心情学习。兴趣浓、心情好时，就多学点；否则就把书本扔到一边不理不睬。结果可想而知，孩子既缺乏学习的兴趣，又缺乏学习积极性，成绩自然也是忽高忽低。

其实，这是因为孩子缺乏一个科学的学习计划。所以，要想培养孩子的学习能力，提高学习成绩，父母应根据孩子的实际情况，为孩子制订一份科学、详细的学习计划，并监督孩子很好地实施计划，这样才能帮孩子养成守时、有序、高效的学习习惯。

1. 根据孩子的实际学习状况来制订学习计划

俗话说："凡事预则立，不预则废。"学习同样如此。一个人在学习时有计划、有目标，才能对整个学习过程的目的、内容、方法、时间安排等做到心中有数，从而将学习变成一件有条不紊的事来高效完成。

不过，在为孩子制订学习计划时，一定要根据孩子的实际情况来进行，不要将学习目标定得过低或过高。定得过低，孩子就会觉得这个目标没有挑战性，慢慢就会产生"轻敌"心理，不利于学习的深入；订得过高，孩子完不成，又会产生沮丧、失落的心理，失去学习兴趣和积极性。

最恰当的方法，是对孩子具体的学习目标进行分解，比如，孩子的学习成绩平均 70 分，那就不能一下子把学习目标确定在 90 分、100 分，而应分阶段设置为 75、80、85、90……这样才能让孩子不断体验到学习的乐趣和成功的快乐，从而不断追求进步，一步步接近目标。

2. 监督孩子严格执行学习计划

学习计划制订好后，接下来就是执行了。在这个过程中，父母的监督和引导作用很关键，因为孩子年纪小，容易对学习计划丧失新鲜感，几天后可能就想偷懒了。这时，父母要引导孩子重新回到计划中来，将计划坚持到底。只有这样，这份学习计划才能起到真正的作用。

比如，可以和孩子一起设立一些奖惩措施，如果孩子的学习计划执行得比较好，就给予适当奖励，从而提高孩子的学习积极性。当然，如果孩子没能很好地执行计划，也要给予适当的惩罚，如取消当天看电视的活动、取消周末活动等。

需要注意的是，在监督和引导孩子执行学习计划时，一定要在尊重孩子意愿的基础上执行，否则，孩子就会产生厌烦情绪，更不利于计划的顺利进行。

3. 和孩子讨论学习计划的执行情况

当学习计划坚持一段时间后，父母可与孩子讨论一下，看看该计划的实施情况及效果。如果发现这一计划已不太适合下一阶段的学习时，要结合孩子现在的情况及时调整学习计划。

如果孩子在一段时间内执行计划的效果很理想，且成绩也有所提高，父母也别忘了及时给予孩子鼓励或奖赏，以增强孩子学习的自觉性和积极性，激发孩子的学习热情，提高学习效率。要知道，孩子都是喜欢鼓励和赞赏的，父母的鼓励和赞赏更是孩子不断追求进步的极大动力。在父母的激励下，孩子也会更加严格地执行学习计划，从而使学习成绩不断提高。

学习离不开勤奋
——朱熹的教子"家训"

朱熹是我国南宋时期著名的思想家、教育家、哲学家。他在教育方面给后人留下了许多宝贵的经验，其教育方法被后人称为"朱子家训"。

在教育孩子学习、培养孩子的学习能力方面，"朱子家训"中也着重提到了一点，就是"勤"。而在具体方法上，朱熹也为孩子们列举出来，分别是"记""思""抄""勤"。

其中，"记"指在读书的时候，如果遇到自己不懂的问题，就要及时记录下来，以便日后向老师请教。

"思"指的是读书学习要多动脑、多思考，哪怕是请教完老师或其他人，弄明白问题之后，也仍然要"思省切要之言"。

"抄"指在学习中见到好的文章时，要把它们摘抄下来，方便随时复习，为自己所用。

"勤"指在学习中一定要勤奋、勤勉，不能偷懒。

朱熹在外讲学时，还经常给家中的儿子写信，在信中勉励儿子珍惜时间、勤奋学习。后来，为了让孩子获得更好的教育，朱熹又将长子朱塾送到当时成就和学识都很高的吕祖谦那里学习。吕祖谦一生勤奋好学、谦虚谨慎，朱熹让儿子拜其为师，就是希望儿子可以学习吕祖谦身上勤奋、恭谨的品行。同时，他在给儿子的信中也是殷殷嘱咐："你要奋发努力，有所作为，用心改掉以前不好的习惯，一心勤奋谨慎，这样我才会对你更抱有希望……"

在朱熹的教导下，他的几个儿子后来都取得了较高的成就。

<<< 家教家风感悟

在今天看来，"朱子家训"仍然具有很高的教育意义。尤其是在教导孩子学习勤奋这一点上，至今仍值得父母们借鉴。

爱因斯坦曾经说过："关于天才，就是 99% 的汗水加 1% 的灵感。在天才与勤奋之间，我毫不犹豫地选择勤奋。"在孩子的学习和成长过程中，勤奋是一条必经之路。现在，很多父母都比较看重孩子的分数，但事实上，表面是看重分数，其实是更看重分数背后，孩子对学习的态度，看重孩子努力、勤奋、用心做事的一种状态。只要孩子具有这样一种面对人生、面对学业的态度，那么，即使不够聪明，即使拿不到令人满意的分数，父母也会觉得心安。所以，相比于孩子的学习方法、学习技巧不足来说，父母更不愿意看到孩子在学习过程中的懒惰。

不过，勤奋也不完全是天生的，有时也需要后天的培养，这就需要父母运用恰当的方法来引导孩子。

1. 告诉孩子学习的意义

为什么要学习？很多孩子都不明白学习和读书的意义是什么，有些孩子甚至认为自己学习和读书都是为了父母。因为孩子不知道学这些东西有什么用，即使父母和老师经常苦口婆心地告诉孩子"这是为你好"，可不少孩子除了觉得学习和读书辛苦外，看不出哪些地方是为自己好。

这时，父母就要通过恰当的方式引导孩子，让孩子认识到学习和读书的价值和意义。就像台湾著名作家龙应台，在给儿子安德烈的信中所写的那样："孩子，我要求你读书用功，不是因为我要你跟别人比成绩，而是因为，我希望你将来会拥有选择的权利，选择有意义、有时间的工作，而不是被迫谋生。当你的工作在你心中有意义，你就有成就感。当你的工作给你足够的休息时间，不剥夺你的生活，你就有尊严。成就感和尊严给你快乐。"

2. 与孩子"约法三章"

当孩子对某一课程感兴趣时，学习就会有动力、很勤奋，但遇到不太喜欢的课程，可能就会偷懒了。

在这种情况下，如果父母对孩子听之任之，就会让孩子渐渐对学习偷懒这件事变得习以为常，以后也会越来越不爱学习。所以，除了积极调动孩子的学习兴趣外，父母也需要给孩子订立一些规矩，和孩子"约法三章"，比如，要求孩子每天背多少个单词，规定孩子每天的作业必须按时完成……用具体的目标来规范和约束孩子，避免孩子偷懒。

也可以和孩子一起制订一份学习计划表，用学习计划来督促孩子，让孩子有目标地进行学习。当然，一开始执行这份计划表时，孩子可能感觉有难度，父母要多多给予肯定和表扬。有研究表明，只要坚持 21 天左右，孩子就可以养成习惯，以后也就不需要父母天天盯着学习了。

3. 当孩子在学习上表现出勤奋时，要及时肯定和表扬

要培养孩子在学习上勤奋的好习惯，离不开父母的肯定和表扬。比如，当孩子早早起床，主动背下 20 个单词，或者专心致志地完成一张模拟考卷时，父母就可以适当地表扬一下孩子，肯定孩子的辛苦和付出，增强孩子的学习动力和成就感。孩子受到了鼓舞，也会有动力去继续坚持这种良好的学习习惯。

多与孩子进行学习上的探讨
——叶圣陶"为儿引步"教育法

叶圣陶是我国现代著名作家、教育家、文学出版家和社会活动家，具有"优秀的语言艺术家"之称。

叶圣陶在教育子女时，对子女的学习十分关心。孩子们每天放学后，吃完晚饭，叶圣陶就坐在桌前给孩子们批改作业。在这期间，至善、至美、至诚兄妹三人各自坐在桌边，眼睛盯着父亲手中的笔，有时还会你一言我一语地评论父亲修改的作业或文章。所以说，这个过程其实是叶圣陶和孩子们一起探讨着共同修改的。

叶圣陶给孩子们修改文章是最有趣的，他总是边改边问："这里是不是多了些什么？""这里能不能换个更恰当的词？""把这个词换一下，句式改变一下，会不会更好些？"……如果遇到自己不明白的地方，他还要问孩子们："你原本是怎么想的？""这里你为什么不表达出来？""怎样才能把要说的话写得更清楚一些？"……然后大家各抒己见，最后认为哪个说得对，就按照这个意见去修改。有时大家争论得面红耳赤，最后父亲才进行总结，提出修改意见，改完后还要再读一遍，看看是否改得到位。

对于父亲的这种批改作业和文章的方法，孩子们都很喜欢，兄妹三人每周都会交一篇作文给父亲。至于要写什么，完全由自己决定，父亲不会硬性规定题目，逼孩子去写。但父亲也有个要求，就是必须要写真话，表达自己的真情实感。叶圣陶告诉孩子们，其实生活中可写的东西有很多，只要善于观察、善于思考，根本无需瞎编乱造，而且这样写出来的东西也不会雷同，更有新意。

叶圣陶这样做，实际是在"为儿引步"。在他的谆谆教诲下，三个孩子的学习进步得都很快。在很小的时候，他们的文章就获得了朱自清等人的好评。

<<< 家教家风感悟

叶圣陶对三个子女学习能力的培养可谓充满匠心，他既不像一些父母那样，对孩子板着脸提要求，也不完全放任不管，任孩子自由发挥，而是像一位耐心的老师一般，认真地批改孩子们的作业、文章。尤其对孩子们的文章，批改起来更是既严格又不失活泼有趣，不仅会提出自己的意见，还积极与孩子们探讨，让孩子们既乐于接受父亲的批改，又仿佛彼此间在进行一场竞赛，暗中都憋着劲儿要超越其他人，从而增强了孩子写作的兴趣和积极性。

这就让人想起了现在很多父母辅导孩子写作业时的情景。如果上网搜一搜，你会发现各种辅导孩子写作业到崩溃的段子，不是闹得"鸡飞狗跳"，就是气得"心脏搭桥"。

其实，出现这些状况还在于父母没有掌握好辅导孩子学习的诀窍。一旦遇到难题，讲两遍孩子没理解，便立刻开始了"河东狮吼"模式，效果可想而知。

我们在辅导孩子学习时，不妨也学学叶圣陶先生的方法，改讲解为探讨，改指责为商量，也许更能收到理想的效果。

1. 要启发式辅导，不要越俎代庖

不少父母在辅导孩子学习时，都喜欢"越俎代庖"，要么直接帮孩子

解出难题，要么发现孩子出错时，就马上指出来："你要这样才行……""你选 B 是不对的，选 A 才对""你要按照妈妈的方法来写……"人都是有惰性的，孩子更不例外。这种辅导方式，很容易就会令孩子产生依赖心理。

正确的辅导方法应该是启发式辅导，比如孩子遇到难题来求助时，可先让孩子多读几遍题目。因为有的孩子并不是真不会做，而是没读懂题意。仔细多读几遍后，题目中的细节或隐含的意思就可能会弄懂，这样再解题就会变得容易了。

如果孩子的确是被难倒了，也不要直接给出答案，而是适当启发孩子一下。比如："你是不是对这个概念理解得不够清楚，要不要再仔细看看课本？""你在背诵这几个单词时，试着编个小故事会怎么样呢？"……这些小提示都会引导孩子去主动思考，而不是坐等父母给出答案。

2. 与孩子一起探讨，寻找答案

遇到难题时，孩子肯定会向父母寻求帮助。如果父母能一眼看出答案，或略微思考后就能解答出来，可以通过提示关键点的方法来引导孩子思考；但如果父母半天也解答不出来，或不敢确定自己的答案是否正确时，不妨学学叶圣陶的"为儿引步"法，与孩子探讨一下，一起寻找答案。

在一起探寻过程中，也可问问孩子："这个题目跟之前学过的哪些内容有关？""老师之前有没有讲过相似的内容？"这样就能引导孩子去翻阅课本或之前的笔记，或者查找相关的工具书。也许最后仍然不能得出确切的答案，但这个过程是在告诉孩子：遇到难题不要着急，也不要完全依赖别人，而是应积极去寻找解决方法。更重要的是，这个过程是鼓励孩子通过各种渠道去获得解决问题的方法，这样他才能真正学到知识，养成良好的学习习惯。

引导孩子学会珍惜时间
——歌德的启发教子法

　　歌德是德国古典文学最主要的代表之一，也是世界文学史上杰出的作家之一。

　　歌德是一位十分珍惜时间的人，他不仅自己一生都在争分夺秒地勤奋创作，在教育孩子珍惜时间时的技巧也很值得现在的父母学习和借鉴。

　　歌德有个儿子，受父亲的影响，也喜爱诗歌。十几岁的时候，他就经常抱着一些诗集抄抄写写的。有一天，歌德看到儿子又捧着个本子在读诗，就问道："你在读什么好诗？能和爸爸分享一下吗？"

　　儿子抬起头看看父亲，把本子递给了歌德。歌德一看，原来是儿子不知从哪里抄来的一段诗：

　　人生在这里有两分半钟的时间，

　　一分钟微笑，

　　一分钟叹息，

　　半分钟恋爱，

　　因为在爱的这分钟中间他死去了。

　　歌德看完，不满地皱了皱眉。年轻人，怎么能读这种颓废的诗歌呢？

但他却没有直接反驳，而是沉思了一下，说："让我拿回房间好好琢磨一下可以吗？"

儿子以为父亲也喜欢这首诗，高兴地点了点头。

歌德回到房间后，不禁忧心忡忡，儿子这么小，要是受这种人生观的影响，以后岂不堕落？不行，我得来奉劝儿子一下。于是，他提起笔在本子上写道：

一分钟有六十秒钟，
一天就超过了一千。
小儿子，要知道这个道理，
人生能有多少奉献。

歌德来到客厅，把本子还给儿子，让儿子把这首诗读出来，然后引导儿子说："孩子，这两种计算时间的标准，反映出两个人对待时间的不同态度。把一生当成两分半钟的人，实际是在游戏人生，一辈子也只能碌碌无为，浪费宝贵的时间；而用每一分钟的时间来规划自己人生的人，才能踏踏实实地学习、思考、工作，这类人可以比前一类人做出更多更有意义的事！"

儿子听了父亲的话，若有所思地点了点头。

<<< 家教家风感悟

当歌德发现儿子看的诗很不适合时，他没有直接劈头盖脸地批评孩子，而是采取迂回路线，自己再写一首诗，然后将两首诗进行对比，以此来教育和引导儿子应珍惜时间，认真规划自己的人生，踏踏实实地学习和思考。这种教子方法，今天仍然值得借鉴。

父母们在教育孩子时，都希望孩子能够学会珍惜时间、珍惜现在的学习机会，学好知识，掌握技能。但是，孩子毕竟年龄小，有时还体会不到时间的重要，或者在学习时有跟风思想，看着别人怎么学，自己也跟着怎么学。如果以成绩优异、懂得珍惜时间的人为榜样当然好，但如果把一些学习懒散、思想颓废的人当成偶像去学习、模仿，必然会受到不好的影响。

为此，父母应用正确的方法引导孩子学会珍惜时间，让孩子将时间花在有价值、有意义的事情上，这对孩子的学习、生活都将有很大的意义。

1. 运用平等的方法与孩子协商或探讨

作为一代文豪，歌德自然是十分珍惜时间的，所以当他发现儿子所读的诗弥漫着颓废的思想情绪时，内心肯定是无法接受的。但是，他并没有直接严厉地责骂、批评儿子，或者用各种大道理去说服儿子，而是心平气和地与儿子协商，表示要拿回房间"琢磨"一下，这就给了儿子一个信号：爸爸是很慎重的，而不是敷衍你。这样一来，等歌德再拿出自己写的诗与儿子读的诗进行对比时，儿子就会很容易接受。

由此也启发我们，当教育孩子珍惜时间时，最好不要采取简单粗暴或讲大道理的方式，而应多动脑筋，运用孩子最容易接受的方法，平等地与孩子协商或探讨。这样的教育，才是最有效的教育。

2. 以身作则，为孩子做好榜样

歌德本身就是一个十分懂得珍惜时间并勤勉上进的人，这种言行平时也一定可以影响到孩子。同样的道理，作为孩子模仿的榜样，我们平时也应该做一个珍惜时间、勤奋向上的人，用自己的实际行动践行对孩子的教导。

相反，如果父母自己不知道珍惜时间，也不善于管理自己的时间，做什么事都拖拖拉拉、毫无规划，那么不管你怎么告诉孩子应该珍惜时间，孩子都会觉得你的道理是空洞、无力的，也学不会怎样安排自己的时间学习和生活。

所以，要想教育孩子珍惜时间，父母也应该以身作则，用自己的实际行动去影响孩子、教导孩子。

父母是孩子最好的学习榜样
——钱钟书和杨绛对女儿的培养

钱钟书是我国现代著名作家、文学研究家，夫人杨绛是我国著名的作家、戏剧家、翻译家。

钱钟书和杨绛生有一女，名叫钱瑗。虽然钱钟书夫妇都是很有文化的人，但他们对女儿却没有提出什么严格的要求，更没有给过什么训示。不过，这并不代表他们对女儿不进行教育，相反，他们都是通过为女儿做好榜样，让女儿耳濡目染接受教育的。

比如，在学习这件事上，钱钟书和杨绛没有像大部分父母那样，对孩子耳提面命，要求孩子该读多少书、该学多少知识，而是用自己的实际行动影响孩子。夫妻俩都爱读书，每天都要读，钱瑗从小接受熏陶，也渐渐喜欢上了读书。在三岁时，她就能像大人一样坐在一旁专心地看书了。

对此，杨绛认为，好的教育首先应能够激发人的学习兴趣和学习的自觉性，培养孩子的上进心，引导孩子好学、爱学和不断完善自己。要让孩子在不知不觉中受到教育，父母的榜样作用就很重要，言传不如身教。

所以，当钱瑗看到父母在一旁读书时，也会照模照样地拿本书来读，慢慢的，她的阅读习惯就培养起来了。后来她又学着父母的样子，读英文书。有一次，钱瑗在读英文书时，遇到一个不认识的单词，就去问爸爸，但爸爸不告诉她，让她自己去查辞典。钱瑗翻了三遍也没查到，又去问爸爸，但钱钟书还是不肯告诉她，仍然让她自己去查辞典。钱瑗没办法，只能再去查，终于在查到第五遍时，查到了这个单词的意思。由此，她对这个单词的记忆就特别深刻。

在钱钟书和杨绛的这种"身教"下，钱瑗不仅像父母一样喜欢读书，上学后学习成绩也非常出色。

<<< 家教家风感悟

好的家教家风，可以让孩子受益终生。杨绛的父亲杨荫杭先生曾留过洋，对教育子女颇有心得，因此对女儿的教育也很特别。杨绛学习成绩不突出，父亲从不责怪；对于杨绛在学习上表现突出的地方，会表扬，但不好的地方也不会指责，而是千方百计地调动杨绛的学习兴趣。对于阅读，父亲从不勉强杨绛，而是自己先做好榜样，然后再把女儿喜欢的书放到她的书桌上，如果是女儿长时间不读的书，他会主动收走。

在这种家风的影响下，杨绛懂得了学习兴趣的重要性，所以在教育自己的孩子时，也承袭了父亲教育自己的方法，不指责、不批评，而是通过父母的身教去影响孩子。

实践胜于指导，身教重于言传。父母是孩子最好的学习榜样，父母所说的每句话、所做的每件事，都会影响到孩子。所以，与其绞尽脑汁地想着怎么让孩子爱上学习、爱上读书，不如自己先爱上学习、爱上读书，然后用自己的实际行动去影响孩子，或许效果更为理想。

1. 父母先做个爱读书、读好书的人

人是习惯的产物，孩子是父母习惯的延续。父母没有读书、学习的习惯，自己早早放弃了求知，那么就不能奢望孩子能多喜欢读书、多喜欢学习。

在孩子成长过程中，孩子会产生"要像大人一样"的愿望，这种愿望

也会导致他们事事向父母"靠拢"：学习父母的行为习惯，学习父母的说话方式，等等。所以，要想让孩子成为一个爱读书的人，父母首先要成为一个爱读书的人，用自己的实际行动影响孩子。

要注意的是，父母对自己读的书也要有所选择，要读好书，可以是自己的专业书，也可以是一些好的文学名著、文学作品等。如果父母每天抱在手里看的都是一些情爱小说、穿越故事等，估计是难以给孩子做好榜样的。

2. 鼓励孩子充分发表自己在学习上的一些见解

曾有一份调查显示，在生活中，有 70% 的父母没有耐心听孩子说他们的观点和想法。现在的孩子在学习和读书上其实都是很有想法的，也希望通过自己的思想来实现自己的愿望，如果孩子能跟父母沟通，说明他们能够独立思考，能够展现出自己的个性了。这时，如果父母能多给孩子一些鼓励，鼓励孩子积极思考，充分地发表自己的见解，恰恰可以让父母更加深入地了解孩子在学习上的长处和不足。

需要注意的是，当孩子说出自己的见解后，即使与父母的观点不一致，父母也不要一味否定孩子的观点，而应学会尊重和接纳，允许孩子有自己的想法和观点。当然，如果孩子的观点的确十分错误，甚至是"毁三观"的，父母肯定要及时纠正，但也不要直接斥责孩子，而应心平气和地引导孩子，让孩子明白他的观点错在哪里，如何纠正等。

3. 读书不怕晚，就怕没耐心

学习和读书在任何时候开始都可以，一些父母感觉自己在孩子小时候没能好好陪伴孩子，担心现在开始有些晚了。并非如此，任何一个好习惯，不管什么时候培养都不晚。

不过，学习和读书习惯的养成不是一蹴而就的事，必须有耐心、要坚持，才能有效，"三天打鱼，两天晒网"是不行的。有的父母觉得自己工作忙，没时间读书，其实很多时候我们都可以见缝插针。比如和孩子一起坐车时，就可随身带一本书，在车上和孩子一起读。或者带孩子外出吃饭时，也可带上一本书，在等待上菜的时间里，让孩子随手翻翻看。家里也可以专门为孩子准备出一块看书的场地，里面放上各种书籍，孩子学习或游戏的间隙，都可以去翻阅一下。

总之，只要父母做好榜样，掌握好方法，并愿意耐心地引导孩子，每个孩子都能爱上学习、爱上读书。

第6章

左手规矩右手爱，
把握教育孩子的"度"

教育孩子，适当的惩罚不可少
——斯特娜夫人的家教观

斯特娜夫人是美国著名教育家，曾以"自然教育法"为主题，结合自己教育孩子的经验和方法，形成了一套独特的"自然教育"理论，培养出了众多的优秀儿童。

斯特娜夫人有个女儿，名叫维尼弗里德，天真活泼，有时也会犯一些小错误。在教育女儿的过程中，斯特娜夫人从来不骄纵孩子。她认为，孩子犯了错，就必须让他自己学着承担过失，接受惩罚，这样才能让孩子记住教训，记住以后应该怎么做。

维尼有一个小布娃娃，这是她最喜爱的玩具。当维尼年纪很小时，斯特娜夫人就经常借助这个布娃娃来奖励或惩罚女儿。比如，今天女儿做了好事，不仅主动收拾了玩具，还帮妈妈擦了地，那么第二天早晨，女儿的枕头旁就会有布娃娃"放的"好吃的点心；如果女儿做了错事，如故意摔碎玩具，斯特娜夫人也不会直接批评她，只不过女儿在第二天早晨起来会发现，枕头旁什么都没有。斯特娜夫人是想通过这样独特的教育方式让女儿明白，自己哪些行为是正确的，"娃娃喜欢，会给奖励"；哪些行为是错误的，"娃娃不喜欢，没有奖励"。一天，小维尼要到一个好朋友家玩，斯特娜夫人同意了，不过要求女儿必须在中午十二点半以前回来，母女俩要去看一场维尼期待了很久的电影。可是，女儿却晚了十分钟才到家。

斯特娜夫人看着女儿进来，什么也没说，只是用手指了一下表，让她自己看。女儿知道迟到了，忙向妈妈道歉："对不起妈妈，不过我只迟到了十分钟而已！"

吃完饭后，女儿就赶紧换衣服，准备跟妈妈一起去看电影。但斯特曼夫人却说："今天因为你的迟到，看电影已经来不及了，所以我们不去了。"

维尼急得哭了起来，但为了让孩子知道迟到是不对的，斯特娜夫人只是摇摇头说："这真遗憾。"最终也没有去看这场电影。

<<< 家教家风感悟

"不以规矩，不成方圆。"作为父母，我们总是对孩子有许多爱与期许，但怎样在适度地给予孩子自由的情况下，不偏不倚地执行我们的教育原则呢？这应该是很多父母都关注的问题。而斯特娜夫人的方法，显然给了我们许多启示。

孩子在成长过程中，总会出现这样那样的问题，犯错更是不可避免的，而我们的教育原则，就是让孩子从错误中主动吸取教训，从而约束自己的行为，以后不再犯同样的错误。

那么，孩子怎样才能主动吸取教训，约束自己的行为呢？答案是让孩子受到适当的惩罚。当然，我们这里所说的惩罚不是对孩子进行批评、责骂，甚至体罚，而是通过给孩子立规矩的方式，让孩子自己去承担违反规矩的后果，从而帮助孩子养成一些良好的行为习惯。

1. 让孩子从小时候起就学会承担后果

斯特娜夫人在教育小维尼时，就是通过让孩子自己承担后果的方式来实现教育目的的。孩子到了两三岁后，便具备了一定的心理承受能力，所以有些责任完全可以让他们自己承担。

比如，孩子自己弄坏了玩具，那就如实地告诉他："玩具坏掉了，是你自己弄坏的，所以你再也不能玩这个玩具了。"这其实是在提醒孩子，玩具是他自己弄坏的，他就要自己承担后果。同时也在提醒他，如果再弄坏其他玩具，那么他可能还要承受同样的后果。

知道这样的后果后，孩子可能会哭闹一会儿，但从此他就会对自己的行为有所收敛，以后再玩玩具时，也会慢慢学会珍惜。

2. 及时宣布惩罚措施，并坚决执行

当孩子犯错后，有些父母会习惯地说"下一次不许这样了"，但这一次的惩罚没到位，孩子下一次就一定会再犯。所以，不要把希望寄托在下一次，最好这一次就让孩子接受惩罚，记住教训。

比如，案例中的斯特娜夫人，在女儿回家晚了后，便宣布看电影这件事作废，虽然可能匆忙地赶去电影院也能看上电影，但斯特娜夫人没有这么做，而是直接宣布"因为你的迟到，看电影已经来不及了，所以我们不去了"，哪怕孩子急得哭了，也决不妥协。这样的结果就是：下一次遇到同样的情况时，孩子一定不会再迟到。

可见，当孩子出了问题，要及时向他们宣布惩罚措施，并且坚决执行，一定不要迟疑。这样，孩子的"下一次"才可能记住上次的教训，并为此做出改变。

3. 控制自己的情绪，不要用发火代替对孩子的惩罚

有时候，当我们发现孩子犯错后，就会很生气，继而对孩子发火，希望孩子能记住教训。但其实这样的方法并不能起到很好的教育作用。

当我们对孩子发火时，孩子就会将注意力完全放在父母的情绪上了，当时他可能会感到害怕、后悔，之后也可能会有所收敛。但慢慢地他发现，自己犯错后，父母不过是一番暴怒而已，那么孩子就会由此断定，父母是没什么好办法"制"住他的。这样一来，孩子就会对父母的发火变得越来越没有感觉，反而是父母在孩子面前失去了权威和尊严。

所以说，在教育孩子过程中，适当的惩罚是不可少的，但发火的次数却是越少越好。只有在控制好自己的情绪，并坚决地对孩子执行规则时，你的教育才真正能够达到效果。

对孩子教育要宽严结合
——傅雷的"教条主义"育子法

　　傅雷是我国著名的翻译家、作家、教育家，曾翻译过多部优秀作品。

　　傅雷有三个孩子，大儿子名叫傅聪，是我国著名的钢琴演奏家。在傅聪还没有上小学时，傅雷就发现了傅聪的音乐天赋，因此决定好好培养他。

　　傅雷对傅聪很疼爱，但要求也很严格。傅聪在练琴时，有时也会偷懒，傅雷发现了，就会对儿子发脾气，呵斥他不应该偷懒，做事没有决心、耐心。但暴风骤雨后，他又会给儿子讲贝多芬、肖邦等世界钢琴大师的故事，用来激励儿子。

　　对待孩子们的学习，傅雷也很严格。为了让孩子们学得更全面，他自编教材给孩子们上课，还给孩子们制订科学的学习计划，并且要求孩子们严格执行。

　　除了在学习上对孩子们严格外，在教育孩子们立身行事、待人接物等方面，傅雷也对他们提出了严格的要求。比如，吃饭时，傅雷就要求孩子们要端正坐姿，手肘靠在桌边时要注意不要碰到同席的人；咀嚼饭菜时，不能发出失礼的咀嚼声。傅聪不爱吃青菜，喜欢吃肉，傅雷警告他几次后，傅聪仍然没有改正，傅雷就罚儿子只吃米饭、不许吃菜……

　　傅雷认为，教育孩子需要宽严结合。平时休息时可宽松些，但在学习和为人处世上必须严格。因为孩子的自制力差，有时难免会偷懒、犯错，这时就必须及时规范他们。虽然这显得有些"教条主义"，但从后来傅聪的成功和所取得的成就来看，傅雷的教育方法还是很有效的。

<<< 家教家风感悟

在我们身边，甚至包括我们自己，要么是管得太少的父母，要么就是管得太严的父母，要想把握好这个"度"，的确是件很难的事。一些对孩子比较溺爱的父母觉得，孩子每天要学习，承受的压力已经很大了，我们应该给孩子一个快乐的童年，适当放纵一下也没关系；而对孩子比较严厉的父母则认为：管教孩子必须有规矩，现在不严格要求他，他怎么能知道上进？以后怎么在社会上立足？

这两种观点听起来都没毛病，但为什么有那么多孩子，在明知一些事不可为的情况下，仍然违反规则甚至违反法律去涉险呢？

关键就在于父母没有把握好教育孩子的"度"。孩子需要爱，缺少爱对成长不利。但同时，孩子的认知又比较有限，自我约束能力低，这就需要父母通过一些恰当的方法去规范。也就是说，教育孩子必须宽严结合，该宽松时就宽松，比如休息时、娱乐时，就可以宽松些；而该严格时也必须严格，比如学习时、培养习惯时，就要严格要求孩子。只有这样，孩子才能慢慢建立起界限感，知道哪些可为、哪些不可为。

1. 切记不要对孩子采取"棍棒政策"

不少父母抱怨：现在的孩子太难教育了，也知道打孩子不好，可不打孩子，孩子不听话时又该怎么办呢？苦口婆心地讲道理根本行不通啊，在这种情况下，只有挥起棍棒才行得通。

当时看来，"棍棒政策"可能管用了，孩子乖乖听话了，可父母却不知道，对孩子动辄体罚的方式很容易伤害孩子的自尊心。久而久之，孩子就容易对父母产生不满情绪，甚至可能产生极度的叛逆心理。从另一方面说，经常被父母打骂，也会让孩子不断否定自己，进而变得胆小、懦弱。

还有些父母认为，在对孩子实施"棍棒政策"后，再给孩子一些"甜头"，如金钱、玩具、好吃的食物等，哄哄孩子。这种方法也可能在短期内有效，但如果你不采取正确的方法引导孩子把握自己言行的界限，那么这样的"棍棒＋糖果"的办法同样达不到教育的目的。

基于此，父母在教育孩子时，切忌对孩子采取"棍棒政策"，而应寻找更有利于孩子成长的教育方法。

2. 用平等、耐心的沟通代替体罚

孩子之所以不听话，多是因为父母不了解孩子的心理，没有掌握好正确的方法。傅雷在教育孩子时，有时也会发脾气，但他很快就会让自己的情绪平复下来，然后与孩子认真、耐心地沟通，再通过给孩子讲一些名人的事迹来引导、鼓励孩子，帮助孩子纠正他们的不当行为。这样一来，孩子反而更容易去考虑父母的感受，进而尊重父母的意见。

孩子并不是听不进道理的，只是当他们遭受严厉的体罚时，就会忘记去关注父母所讲的那些道理，而是更关注父母的情绪和自己的感受。结果，父母的一通"暴风骤雨"不仅没能达到预期的教育效果，还会让孩子感觉自己不被尊重，严重时甚至会造成亲子关系的不和。

3. 培养习惯上要"严"，对一些结果要"宽"

培养好的学习和生活习惯会让孩子受益终生，所以父母在教育孩子时，应把一些习惯的培养放在重要地位，如学习习惯、生活习惯、待人接物的礼仪等，在培养时要尽量严格要求孩子；而对于学习的结果、考试的分数等，不妨放宽一些，因为学习习惯养成后，孩子的学习成绩自然会上来；生活习惯养成后，孩子自然身体健康。

而有些父母却经常本末倒置，忽视孩子学习习惯的养成，却死死地盯着孩子的分数；不注意孩子生活习惯的培养，却抱怨孩子太懒、什么都不会做。这种情况下，有问题的不是孩子，而是父母了。

用理性的爱来引导孩子
——蒋筑英教子"不比家"

蒋筑英是我国著名的光学专家，生前一直从事光学研究工作。在教育子女方面，他也很有方法。

蒋筑英有一儿一女两个孩子，他特别爱他们，平时不管工作多忙，只要回家，就会给孩子们讲故事。孩子们也都喜欢听爸爸讲故事，每次都被爸爸逗得哈哈大笑。

但是，蒋筑英家的房子很小，一家四口尚且凑合，可隔壁有一个公用的厨房，装了十多个火炉，有5个火炉靠着他家的墙。夏天还算好过，屋里热大不了出去待着，一到冬天，炉子灭了再重新生火时，煤烟直往屋里灌，一家人呛得直咳嗽、淌眼泪。每当这时，蒋筑英只好把孩子们先领到外面，等烟散去了才进屋。

有一天晚上，女儿路平放学回来，又赶上满屋是烟。女儿便抱怨道："爸爸，我今天去一个同学家，人家的房子特别宽敞，烧的是煤气，又干净又暖和！哪像我们家，屋子小不说，还天天被烟呛。亏您还是个干部呢，房子却这么破！"

蒋筑英听完女儿的抱怨，知道女儿长大了，有想法了，但对一些事情的认识还是不恰当，应该帮她提高认识。因此，他不但没生气，反而笑着对女儿说："孩子，心宽不怕房屋窄，少年有志不比家啊！"接着，他就和女儿坐在外面，给女儿讲起了安徒生的故事，并告诉女儿，安徒生小时候的生活特别贫困、艰难，但最终却成了大作家。所以，一个人不能选择出身，但可以选择自己的未来。家境贫寒也不是坏事，可以激励自己成就事业。

最后，蒋筑英对女儿说："你年龄还小，不要动不动就跟别人比吃、比穿，更不要跟别人比谁的爸爸官大、谁家的住房宽敞，多把精力用在学习上，比家庭、比父母不算本事，自己学习出类拔萃，有真才实学，那才算真本事呢！"

听了爸爸的话，女儿笑了起来，表示再也不跟别人比那些没用的东西了。

<<< 家教家风感悟

当孩子产生攀比心理后，蒋筑英没有直接批评孩子，也没有为孩子讲什么大道理，而是用讲名人故事的方式，理性地引导孩子规范自己的言行，教育孩子"不比家"，而应比学习、比本事。

孩子在成长过程中，经常会出现攀比心理，和别人比谁家房子大、谁家的车更高级、谁的爸爸官大、谁的妈妈漂亮、谁的衣服贵……有的孩子被其他孩子"比"下去了，回家就耍脾气，指责爸爸妈妈没本事，自己也想要更好的。而有些父母不仅不及时制止和引导孩子的这种行为，反而为了满足孩子的虚荣心理，东挪西凑地借钱满足孩子的要求，以为这样才是真爱孩子，结果却导致孩子的攀比心越来越重。想想实在可悲！

孩子有一些攀比心理是正常的，不正常的是孩子攀比的都是一些外在物质的东西，却不是内在的品质、道德等，这种攀比对孩子的成长显然是不利的，父母一定要及时制止，并巧妙引导孩子的攀比行为。

1. 父母不要有愧疚心理，这样才能正确引导孩子

有些父母因为自身经济条件不好，一直对孩子怀有愧疚心理。一听说孩子要这要那，自己马上节衣缩食满足孩子，生怕让孩子丢脸，殊不知，

这样培养的孩子不仅不能理解父母的爱，反而变本加厉，无休止地一味索取。

要避免这种状况，父母首先不要对孩子怀有愧疚心理，而应接受自己的现状，然后引导孩子和自己一起去努力，创造自己想要的生活。虽然孩子可能会有失落感，但只要父母放下攀比之心，耐心地安抚孩子的情绪，就可以为孩子树立"只有努力，才能获得自己想要的东西"的观念。

2. 引导孩子发挥自己的独特优势

每个孩子都有自己的长处和优势，所以当孩子与其他孩子比吃比穿比住时，父母不妨耐心地告诉孩子，他其实也有很多比别人优秀的地方，比如跑得很快、跳舞很棒、朗诵很动听……理性地引导孩子发挥自己的优势，与别人比成绩、比内在，用独特的方式展现自己的价值。这样的攀比，要比比吃比穿更有意义，也更能激发孩子的学习动力，规范孩子的道德言行。

3. 告诉孩子：幸福需要靠自己创造

有个孩子，回家后委屈地告诉妈妈说："妈妈，我们班今天有个同学穿了一双外国的名牌鞋子，特别好看，我也想有一双。"

这位妈妈听完后的回答，不仅显示了她的智慧和淡定，还给了孩子正确的引导和鼓舞。她先蹲下来，然后拉着孩子的手说："妈妈知道你也喜欢那样的鞋子，但你要知道，这些通过我们的努力以后都会有的。爸爸妈妈也在努力地去做，那么你也要跟我们一起努力哦！"

接着，妈妈摸着满脸疑惑的孩子，笑着说："放心吧宝贝，只要我们一起努力，这些就都会有的！"

我们要给这位妈妈的做法点个赞！她既没有贬低别人，也没有指责自己的孩子虚荣心强，反而将孩子的虚荣正确地引导为一种动力，鼓励孩子去努力争取，让孩子明白：幸福是需要自己创造的，只要大家都努力，这些东西就都会拥有。

让孩子从错误中吸取教训
——卢梭的育儿"锦囊"

卢梭是法国著名启蒙思想家、哲学家、教育家、文学家，18 世纪法国大革命时期的思想先驱，启蒙运动最卓越的代表人物之一。

卢梭有两个儿子，从小都聪明可爱。有一天，卢梭和妻子带小儿子上街，在一个商店里，儿子发现了里面摆着很多小汽车、小娃娃等玩具，就吵着要买。

望着儿子企盼的目光，卢梭略微思考了一下，说："买玩具可以，但你必须先答应爸爸一个条件。"

儿子听说可以买玩具，管他什么条件呢，先答应了再说，于是忙回答说："好的爸爸，我都答应您！"

卢梭继续对儿子说："玩玩具可以开发智力，但如果你们不爱惜玩具，故意将玩具摔坏或丢失，那么爸爸就不会再给你们买第二次。"

儿子一听，忙点头表示答应。于是，卢梭和儿子认真地拉钩，然后带着儿子到商店了买了玩具。

儿子拿着小玩具回家后，开始几天都很爱惜，可几天后，便对玩具失去了兴趣，将玩具摔得稀巴烂。卢梭看着被儿子摔烂的玩具，并没有直接批评儿子，只是想："儿子这么不爱惜东西，一定得好好教育他一下。"

没多久，儿子又嘟囔着要玩具。卢梭夫人拗不过孩子，就想再买一个，而卢梭却对夫人说："买玩具是小事，但纵容孩子有意损坏东西，养成不爱惜东西的坏习惯就是大事。既然他自己把玩具摔烂了，那就不要再买给他！"

于是，夫妻俩都坚决不再给儿子买玩具。儿子知道是自己错了，从此再也不敢随便破坏东西了。

<<< 家教家风感悟

卢梭从给儿子买玩具这件事上获得了启发：孩子故意摔烂了玩具，就不再给他买；孩子故意弄坏衣服，就不给他换新的衣服，让他穿破的……总之，让孩子在因自己的过失所造成的后果中得到教训、受到教育。卢梭还把自己的这一观点写入自己的教育著作中，最终形成了一条著名的教育法则，即：自然后果惩罚法。

这种教育方法强调的是"自然"，即让孩子按照自然规律去成长，做对的事情，就会收获到好的结果；做错事情，就要自己承担后果。这种教育方式也就是我们常说的"自作自受"，既体现了父母对孩子的严格要求，又让孩子承担起因自己的过失所带来的不良后果。因为不是人为的、另外给予的惩罚，所以孩子也比较能接受，并逐渐明白自己做事情的界限是什么。

要运用自然后果惩罚法来教育孩子，父母需要注意下面几个问题：

1. 一定要在保证孩子安全的前提下进行

虽然是让孩子承担因自己的行为过失所造成的后果，但也要注意，这个"惩罚"一定要在保证孩子安全的情况下进行。因为惩罚的目的是为了让孩子从中获得教训、懂得界限，而不是为了让父母出气。如果伤害了孩子的健康，就失去了教育的真正作用。

所以，在采用自然后果惩罚法时，父母要控制好自己的情绪，更要掌握好分寸，随时注意孩子的情绪反应，适可而止，见好就收。

2．根据孩子的性格特征区别对待

每个孩子的性格都不一样，有的孩子个性强一些，有的就脆弱一些，所以在运用这种方法时，有些"心大"的孩子可能就会对惩罚满不在乎，完全是一种无所谓的态度，这说明这一方法就不适合这种性格的孩子。

而有些孩子正好相反，对自然后果惩罚法的反应非常强烈，一旦父母采用了，孩子的心理就会受到很大刺激。这时父母就要注意观察孩子的反应，如果感觉给孩子带来了较大的伤害，也可以考虑放弃这种方法，改用一般的批评教育法。

这种方法最适合的就是那些对自然后果很在意，但又不会因此而感到身心受到伤害的孩子。这种方法不但会让他们记住教训，不再犯同样的错，而且还能通过这一件事发生思想上的转变，弄清自己行为的界限在哪里。

3．父母态度坚决，但也要充满爱心

运用这种方法时，不管后果是不是严重，孩子都是不太愿意接受的，有些孩子甚至因此而向父母撒泼耍赖，希望父母松口，或替自己收拾"残局"。有些父母拗不过孩子，就会向孩子妥协，结果令方法失效，让教育没有起到应有的作用。

还有些父母，觉得既然是"惩罚"，那就严厉一点，让孩子一次记住教训，永不再犯。于是对孩子大声责骂，甚至动用暴力惩罚。这只是单纯地对孩子进行惩罚的行为，也不属于自然后果惩罚法。

正确的做法应该是：父母执行时态度坚决，即使孩子撒泼耍赖，也不能妥协，但同时也要充满爱心，可以给予孩子拥抱，可以温柔地安抚孩子，但绝不松口，更不会替代孩子承担后果。即"温柔而坚定"地执行，这样孩子才能真正尝到父母的"厉害"，最终真正地接受教训，不敢也不会轻易再犯。

任何人都要遵守规则
——马克·吐温的"自选式教育法"

马克·吐温是美国著名作家，美国批判现实主义文学的奠基人，一生著作颇丰。

在教育孩子时，马克·吐温也经常像他写小说一样，总是用轻松、幽默的方式进行，丝毫没有冷漠和严苛。因此，在生活中，马克·吐温和三个女儿之间的关系非常融洽，完全是一种平等、民主和互相尊重的关系。尽管如此，女儿在犯错后，马克·吐温也绝不姑息，肯定会给予惩罚，让女儿记住教训，不再重犯。不过，马克·吐温的教育方法很特别。

有一次，马克·吐温一家人到郊外的农庄去度假。一切准备就绪后，大家便坐在一辆装满干草的大马车上，慢悠悠地出发了。一想到路上可以欣赏到各种美丽的风光，又可以在目的地进行各种旅游活动，一家人都开心得不得了。

可就在大马车从家门走出不远，不知孩子们之间发生了什么事，大女儿苏西忽然动手打了妹妹克拉拉，把妹妹打得哇哇大哭起来。

马克·吐温马上停下马车，询问出了什么事，原来姐妹俩因为争夺玩具出现了矛盾。苏西在看到妹妹哭后，也意识到了自己的错误，并主动向父母承认了错误。但按照马克吐温的家规，苏西还是需要接受惩罚的。

马克·吐温在家规中规定，接受惩罚的一方可以自己提出受惩的方法，在经过大人同意后，便可以实施。苏西犹豫了半天，最终还是下定决心对父母说："虽然我很期待这次旅行，但因为我犯了错，为了能让我永远记住这次错误，我决定今天放弃坐干草车去郊外。我想，我会永远记住今天的错误的。"

后来，马克·吐温在回忆这件事时说："并不是我让苏西这么做的，不过想起可怜的苏西失去坐干草车的机会，我现在都感到很难过——在26 年后的今天。"

<<< 家教家风感悟

能有这样一位特别的父亲，生活在这样一个温馨、民主而又有一定家教规则的家庭当中，马克·吐温的女儿们真是幸运！

真正爱孩子，就一定要培养孩子的规则意识，让孩子懂得，在任何情况下，任何人都要遵守这个环境的规则。一旦犯了错，不论什么原因，都要接受惩罚。这样做不是限制孩子的自由，让孩子变得乖、听话，而是让孩子明白做人、做事都有原则的道理，从而形成正确的世界观、价值观和正确的做事准则。

不过，在为孩子制订规则和对孩子执行规则时，是需要讲究一些方法的，否则不仅可能会让孩子反感，执行效果不佳，还可能因此而影响亲子关系。

1. 与孩子一起制订规则，并设立相应的奖惩措施

在制订规则时，孩子的参与感越强，遵守规则的意愿就越大。比如，在孩子玩电子产品这件事上，如果要制订规则，父母就应该提前与孩子进行沟通：每天什么时间可以看？每次看多久？都可以看哪些节目？等等。

为了增强孩子遵守规则的意愿，我们可以考虑和孩子订立一个积分制

度。比如，如果孩子帮父母做家务了，就可获得积分；孩子取得好成绩了，也可获得积分。当积分获得一定数量后，孩子就可以用这个积分来交换玩电子产品的时间。如 30 积分可以玩 20 分钟的电子产品，50 积分可玩半小时，100 积分可玩一个小时，等等。

如果孩子同意这样的规则，确定下来后，孩子不但愿意遵守，而且在其他方面还获得了提高，可谓一举两得。

2. 违反规则时，允许孩子自己选择受罚措施，但须经过父母的同意

这一点就是马克·吐温的家规中所规定的，当大女儿把妹妹打哭后，她就需要自己选择受罚措施，并在经过父母同意后开始实施。

这个方法非常值得我们效仿！孩子都很希望自己在某些事上拥有主动权和选择权，那么父母在这件事上不妨满足他。当孩子犯错后，让他自己来选择受惩罚的方法，比如帮全家人洗鞋子、一周不看电视等等。有些孩子可能会耍滑头，选择一些对自己更"有利"的受罚措施，如不能使用家里的学习机，这时他可能就会借着"不能用学习机"的由头跑出去玩。遇到这类情况，就需要父母来监督了。你可以在规则中规定，孩子选择的受罚措施必须经过父母的允许才能实施，如果孩子选择的受罚措施不利于他改正错误，那么父母可以选择拒绝，且一定不能妥协。

3. 父母一定要做个遵守规则的人，为孩子做好榜样

父母是孩子的第一任老师，孩子的很多行为习惯，其实都是源于对父母的模仿。有句古话叫"父母是原件，孩子是复印件"，颇有道理！

既然每个人都需要遵守规则，那么父母就更应该做一个遵守规则的人，给孩子树立榜样，这样孩子才会认可规则的公平性，在自己犯错后，也更愿意接受惩罚、改正错误。

比如，家规中规定，晚上 10 点之后，家里的每个人都不能再看电视，

而爸爸或妈妈却动不动就违反规则，坐在电视旁不想关，那么孩子就会不解：为什么爸爸妈妈可以违反规则，而我却不可以？

　　这样一来，孩子的规则意识就会被破坏，孩子也会慢慢轻视起各种规则来。这样的孩子走向社会后，又怎么能很好地遵守社会规则呢？

　　所以，身教重于言传，不论任何时候，父母都要为孩子做个好榜样！

不为孩子搞特殊化
——曾国藩"爱子以其道"

曾国藩是我国近代政治家、战略家和文学家，"晚清四大名臣"之一，也是中国历史上颇具影响力的人物之一。

曾国藩的一生留下许多广为流传的事迹，他的家教理念对于今天的父母也具有一定的借鉴意义。曾国藩共有九个孩子，由于公务繁忙，他平时不能在家中督促他们，于是就通过写信的方式教育孩子们。

曾国藩在当时位高权重，可他却从不为孩子们搞特殊化，一直强调要勤俭谦劳，反对奢侈懒惰，在衣食住行等方面都有明确的规定。

有一次，曾国藩的小女儿因为好几天没见到父亲，很想念父亲，就由仆人带着到总督府去看望父亲。小女孩都爱美，何况那天又是去见自己亲爱的父亲，所以就穿得鲜亮了一些。曾国藩见了后，就批评小女儿不应该穿得这么华美，还让她赶快去换掉。

在那个时代，官宦人家的子女出门都有轿子，但曾国藩却告诫孩子们，如果要出门办事，就步行去，不能使唤轿子。同时，他还规定孩子们不能使唤奴婢们去帮自己填茶倒水，自己能做的事情就自己去做。有时他还叫子女们去做拾柴、挑水等在当时看来应该是仆人们做的事，让人很不解。

对此，曾国藩说："凡世家子弟，衣食起居，无一不与寒士相同，庶几可以成大器。"意思是说，当官人家的孩子，只有让平日的衣食住行与贫穷人家的孩子一样，才可以成才。言外之意就是，孩子们不能受到特殊待遇，这样才不会产生骄纵傲慢的心理，才能脚踏实地地做事、正正经经地做人。

<<< 家教家风感悟

曾国藩为教育子女，给子女们写了很多家书，同时也制订了许多很有教育意义的家训，后人还专门将其整理成集出版，对于现在的父母很有借鉴意义。

作为晚清一代名臣，曾国藩本可让孩子们享受舒适富裕的生活，甚至可以凭借自己的能力为孩子们铺好路。可曾国藩没有这样做，相反，他却极力反对孩子们在生活上搞特殊化，要求孩子们保持着"勤奋、俭朴、求学、务实"的家风。为此，曾国藩还专门写下了16字箴言的家训："家俭则兴，人勤则健；能勤能俭，永不贫贱。"

孩子在成长过程中，会出现各种各样的问题，如何规范孩子的言行，培养孩子的品质、人格，让孩子获得精神上的充实与满足，这是每一位父母都很关注的事。只有运用恰当的方法，把握好爱孩子的"度"，不给孩子特殊待遇和优越感，才能让孩子脚踏实地做人。

1. 避免对孩子过度关注

孩子的成长是需要关注的，但又要避免过度关注，否则，孩子接受了父母给予的"特殊待遇"，时间长了，就会从自己获得的待遇中得出结论："我是一个特殊的人。"可惜，迈向社会后，没有人再特殊对待你的孩子，这种巨大的反差就会令孩子感到困惑和不适，甚至不知如何应对。这也是现在很多孩子在步入大学校门或工作单位后，不能很好地适应新的环境、新的人际关系等的主要原因，因为他们在家都被关注惯了，现在没有人再那么关注自己，就会有失落、委屈，心理也难以平衡。用这样的心态对待学习和工作，显然是不利的。

所以，在家里不妨少关注孩子一些，尤其是孩子的衣食住行，让孩子感觉自己跟家人是一样的，也要做家务、要劳动、要学习、要做好自己的事，谁都不是特殊的，大家都是平等的。这样的孩子，长大成人后才可以更快、更好地适应社会。

2. 对孩子物质方面"穷养"，精神方面"富养"

作为一代权臣，曾国藩的家境应该不会太差，但他本人的日常衣食都十分俭朴，同时也要求孩子们不要奢侈浪费，要勤俭持家。看起来似乎是个很"小气"的父亲，可这位"小气"的父亲对孩子的精神教育却一点也不小气。

在给孩子们写家书时，曾国藩还会为孩子们批改诗文，和他们探讨学业，鼓励孩子们好好读书。他还曾写信给儿子曾纪泽，要求他每天练习1000个字，还给家里的其他人一一制订了学习计划……这些行为，都显示出曾国藩对子女们在精神上的"富养"。

而现在很多父母在教育孩子时却完全是本末倒置了，对孩子的物质要求无条件满足，对孩子的精神成长却关注很少，导致孩子在生活上挥霍无度，在精神上却一贫如洗。

所以，真正爱孩子的父母，不妨在物质上对孩子"苛刻"一点，多花一些时间来丰富孩子的精神世界，让孩子在精神上获得富养，这种富养的效果也一定会超越一切在物质上的富养。

第7章

鼓励孩子在逆境中
充实和丰富自己

让孩子在逆境中充实和丰富自己
——丁玲教子磨炼意志

丁玲是我国著名作家、革命家、社会活动家，曾出版过多部文学作品。

丁玲有个儿子，名叫蒋祖林。在 8 岁以前，蒋祖林都是跟随外婆一起生活的，8 岁后被母亲丁玲接到延安，和母亲一起生活。

当时，丁玲既是中央苏区的一名知名作家，又是一名英勇的抗日战士。祖林来到延安后，丁玲就把他安排到附近的学校读书。丁玲很注重对儿子意志、性格和作风的锻炼，从不娇惯孩子，一有时间就督促孩子认真学习。

1938 年年底，在祖林入学刚刚一个月的时候，日本飞机轰炸延安城。为了保护孩子们的安全，学校紧急疏散了学生，祖林连跟妈妈说一声都没来得及，就跟随学校的队伍向安塞县疏散了。第二天，孩子们被转移到一座石窑洞里。在这里，蒋祖林度过了他一生中最煎熬的冬天。

由于没有被褥和取暖的东西，孩子们只能顶着刺骨的寒风，在零下十几度的严寒中艰难度日，小祖林的手脚都冻伤了。但就是在这样艰苦的条件下，孩子们仍然没有放松学习，没有桌椅，他们就搬来一块大石头坐在上面，用大腿当课桌，把书本放在上面读书写字。课间休息时，大家就都站起来跑步取暖……

在这样艰苦的环境下，丁玲没有给小祖林写过一封信，也一直没有来接他。培养孩子坚定的意志，让孩子的逆境中磨炼自己，就是丁玲能够给予孩子的最有价值的教育，因为丁玲非常明白，在那个兵荒马乱的年代，孩子只有经历了风雨，才能真正成长起来。

直到 1939 年，丁玲想送小祖林去当兵，才派人把他从窑洞接回了延安。虽然在最难熬的时候母亲没来接自己，但蒋祖林一点都不怪母亲，相反，他一直以母亲为荣。在此后的一生中，母亲一直都是他最崇拜的偶像。

<<< 家教家风感悟

现在，我们经常都能在网络上看到一些中学生、大学生自杀的事件，一个个那么年轻、美好的生命，还未曾品尝人生中的甘甜，就放弃了去品尝的机会，令人惋惜！

心理学家分析，导致这些自杀现象出现的重要原因就在于孩子缺少挫折经历，一旦遇到突发困难，便不知道该如何应付了，能想到的第一个解决办法可能就是结束生命，以逃避现实。

与那个时代的小祖林相比，现在的孩子不知道要幸福多少倍！身边有父母家人的陪伴，可以在宽敞舒适的教室里学习先进的知识，可以选择自己爱吃的东西、喜欢的衣服，有各种各样的新鲜玩具……为什么生命力反倒不如艰难时代的孩子们那么坚强呢？原因就在于现在的孩子的生活太好、太舒适了，父母一直都将孩子置于自己的"羽翼"之下，替孩子挡住伤害与失败，结果孩子根本学不会、也没有机会学会如何去承受生活中遭遇的挫折和打击。

可见，要想让孩子的抗挫能力强一些，父母还是应该克制一下"想帮孩子一把"的冲动，让孩子能够有机会去遭遇挫折、体会挫折，让孩子在逆境当中锻炼和充实自己，这样的教育对孩子的成长才是真正有利的。

1. 当孩子遇到困难时，不要马上伸出援助的手

对于丁玲来说，几年没有见到儿子，一见到儿子，对儿子的疼爱之情可想而知。然而，当儿子临时转移到更加艰苦的地方后，丁玲却没有

马上把儿子接到自己身边，而是让儿子"度过了他一生中最煎熬的一个冬天"。试想，这样的情形放在今天，哪个父母可以忍受？恐怕早就马不停蹄地把孩子接回身边呵护起来了！然而正是这些艰苦的磨炼，让小祖林的意志变得越来越坚强，直至后面迈入军队，成为一名勇敢、坚定的战士。

孩子从出生起，就开始遭遇挫折，如学走路时会摔倒、学吃饭时会吃不到嘴里、学穿鞋时怎么都穿不上……迈入学校、社会后，所遇到的困难更是数不胜数。一些父母就见不得孩子受苦，孩子摔倒了，马上跑过去扶起来；孩子吃饭吃不到嘴里，马上拿起勺子去喂；孩子穿不上鞋子，马上帮助孩子穿……这样一来，孩子哪里还有锻炼的机会？久而久之，不就成了温室里的花朵，遇不得半点风霜了吗？

所以，如果孩子遇到的困难不是什么严重的困难，父母不妨"躲远点"，让孩子自己尝试着克服。一开始可能会很难，但当孩子依靠自己的力量克服了这些困难后，他会非常有自信心和成就感。而这种自信心和成就感，对于孩子的身心健康将是非常有利的！

2. 适当给孩子制造点"麻烦"

给孩子制造点"麻烦"，其实就是有意识地为孩子设置一些障碍，用来锻炼孩子的抗挫折能力。

比如，寒暑假的时候，让孩子去参加一些冬令营、夏令营的活动。离开父母后，孩子肯定会遇到一些想象不到的困难，这时没有父母的帮助，有些孩子一开始可能就会很着急。但孩子的思想往往又是很有"弹性"的，当得不到别人的帮助，或者当他看到其他孩子能自己解决问题时，他也会自己想办法去解决、去克服眼前的困难。

通常来说，孩子都是没办法预测到自己的认知行为将会带来什么样的后果的，但在遇到困难后，孩子就会想：为什么会这样呢？这时他就会去寻找原因，而这恰恰是提高孩子认知能力的重要时机。如果你不让孩子经历一些障碍、麻烦，那么孩子就不会增长排除障碍和麻烦的智慧。

孩子的成长需要"苦心志，劳筋骨"
——李苦禅教子凡事不怕吃苦

李苦禅是我国著名的画家、美术教育家。李苦禅不仅自己在绘画艺术上取得了很高的成就，还将儿子李燕培养成了一位出色的画家。

李燕刚刚懂事时，经常看到父亲李苦禅在作画，感到很好奇。父亲看他喜欢，也引导他来学着画，没想到李燕居然画得像模像样的。

李燕喜欢画各种小动物，十一二岁时，父亲就让他自己到动物园去写生。在动物园里，李燕经常一待就是一天，认真地观察猴子、小鹿、松鼠等动物的特征、动作等，然后认真地画下来。每次写生完回来，父亲顾不上让他喝口水，就赶紧"检查作业"，看看儿子今天都画了什么，有没有进步。

当时李燕毕竟年纪小，有时也会贪玩，这时父亲就会语重心长地对他说："要想干艺术，就得有吃苦的决心！干艺术本来就是苦差事，想养尊处优可不行。古往今来，多少有成就的艺术家都是穷苦出身，你怕苦？那是出不来成绩的！"

接着，李苦禅又跟儿子分享了自己的从艺经历："我有个从艺的'好'条件——出身苦，但我又不怕苦。年轻的时候，我每每出去画画，一画就是一整天，口袋里带上一块干粮，再向当地的老农要根大葱，就算一顿饭啦！'"所以，从艺的道路就像孟子说的那样'必先苦其心志，劳其筋骨，饿其体肤'，然后才能'增益其所不能'啊！"

父亲的一言一行，儿了李燕都看在眼里、听在耳里、记在心里，并最终化为实际行动。在李苦禅的悉心教导下，李燕对艺术的追求也变得愈发坚定起来，常常不管风吹日晒，都跋山涉水地坚持到野外写生，最终也获得了出色的艺术成就。

<<< 家教家风感悟

作为曾经"苦"过心志，"劳"过筋骨的李苦禅老人，十分懂得一个人要获得成功就必须能吃苦的道理，因而在发现儿子李燕对绘画感兴趣时，便鼓励儿子不要害怕辛苦，要像那些劳苦出身的艺术家学习。因为绘画不能光坐在家里闭门造车，必须要出门去观察外面广阔的世界，这样才能让自己的作品更生动、更有活力和生命力。要出门，必然就会遇到困难，辛苦也在所难免，如果吃不了这个苦、受不了这个累，是根本走不了从艺之路的。

其实不光是从艺之路要吃苦，做任何事都要有吃苦精神。现在的孩子大多是独生子女，从小娇生惯养，很缺乏吃苦、抗挫的能力。这样的孩子走上社会后，是很难适应的。所以，父母应从小让孩子"苦"一下心志，"劳"一下筋骨，这对孩子的成长是有益无害的！

1. 从小就让孩子明白：付出才有回报

做任何一件事，没有付出是不可能有丰厚的回报的，父母应让孩子从小懂得这个道理，这也是在培养孩子的抗挫能力。社会上有一些人，总想着不劳而获：不出去工作，又想要有钱；不想付出辛苦，又想比别人过得舒坦。世界上哪有这样的好事？之所以出现这种心理，就是因为不懂得付出才有回报的道理，因此一生过得庸庸碌碌，一事无成。

不管是画画也好，还是学外语、做科研、攻项目，都必须要付出相应的努力，想获得的成就越大，要付出的辛苦也越多，这是永恒不变的真理。孩子只有明白了这个道理，才不会在以后的学习、生活和工作中眼高手低、只想不做。

2. 鼓励孩子做任何事都要坚持

哈佛大学教授斯皮尔格·基尔曾说："要始终相信，无论心情多么沮丧，无论人生多么艰难，一定要咬牙坚持住。阴霾总会散去，太阳也一定会重新升起，不幸的日子总会过去，而关键的关键就是要坚持、再坚持……"

坚持是一种耐力，也是一种生存的本领，是以一种顽强的精神和毅力去做事。在从艺的路上，哪个成功的艺术家不是通过坚持而获得成就的？李苦禅老人也不例外，因此在教导儿子时，他也一直通过自己的言传身教让儿子明白这个道理。

要培养孩子坚持不懈的精神，父母可以从生活中的一些小事进行。比如，在让孩子进行长跑训练时，孩子跑一会儿感觉累了，想放弃，这时父母就要在一旁多给孩子鼓励，为孩子加油打气，不要让孩子半途而废。当孩子坚持下来后，还要及时给予肯定和表扬，强化孩子做事坚持的习惯，孩子内心的成就感也会油然而生，从而逐渐体会到坚持的意义和价值。

别让孩子成了"废物点心"
——冯玉祥的"粗糙"教育法

冯玉祥是中华民国时期著名的军事家、民主主义战士。

冯玉祥对子女们都很宠爱，但教育他们又很严格。他经常对孩子们说："你们要自己学着劳动，千万别当'废物点心'！"平时，他要求孩子们自己学习洗衣服、缝补衣服，男孩还要学做木工、种地等。当全家从山西晋祠移居到泰山时，冯玉祥还给每个孩子都分了一块地，让他们学习耕种、除草、收割等。为了激发孩子们耕种的积极性，他还让孩子们开展种花生比赛，看谁种得最好、收得最多。只要发现哪个孩子偷懒了，冯玉祥就批评他们说："少爷、小姐是废物，你们可不要做废物哦！"

虽然读书不多，文化水平较低，但冯玉祥还是会看一些古书，并用古书中的话语教育子女："天将降大任于是人也，必先苦其心志，劳其筋骨……"以此来教导孩子们，要想成大器，就必须吃得了苦，先在苦日子里熬一熬，磨炼一下意志，这样以后才能不畏险阻，有所成就。

冯玉祥在西北任边防督办时，他的哥嫂来看望他。当他们看到冯玉祥的长子洪国和次子洪志一个在学木匠，一个在放羊，便责怪冯玉祥太让孩子们吃苦了。冯玉祥便笑着对哥嫂说："那些整天提着鸟笼子东游西逛，除了吃喝嫖赌再无别的本事的人，好一点的，是个废物；不好的，便是国家和民族的败类。

我们家可不能出那样的'少爷'啊！我希望他们能知道创业的艰辛，所以就让他们多尝尝吃苦受累的滋味，不要忘了做人的本分。"哥嫂被说得哑口无言。

在冯玉祥的严格教导下，他的几个孩子日后都成了国家的栋梁之材。

<<< 家教家风感悟

为了让孩子们不成为"少爷小姐""废物点心"，冯玉祥也是煞费苦心，不仅教育孩子们多参加劳动，还刻意让他们做一些木工、放羊等粗活，目的就是磨炼孩子们的意志，锻炼他们的吃苦能力。

然而，现在很多父母在教育孩子时，自己小时候走过的弯路、吃过的苦、经历过的挫折都不希望孩子再一一去经历。出于强烈的补偿心理，往往从孩子一出生开始，就想要给孩子最多的爱、最好的物质条件，想尽己所能地教育和保护孩子，给孩子一个安逸、顺畅的人生。

愿望总是美好的，现实却很可能会与愿望相悖。因为父母的过度保护，孩子在心智上难以获得有效的锻炼和成长，抗压能力也很脆弱，未来一旦遭遇挫折，就可能会被压垮，甚至走向歧途。

因此，即使拥有富裕的物质条件，让孩子从小吃点苦，对孩子进行适当的挫折教育也是很有必要的，就像教育家苏霍姆林斯基曾说的那样："让孩子动手，亲自参与实践，吃点苦、受点累，不但可以探究知识的奥秘，培养创造能力，而且有利于坚强意志和吃苦耐劳精神的形成。"

1. 吃苦不可怕，劳动让人有尊严

在对孩子的教育中，有一项是万万不可缺的，就是对孩子进行挫折教育。在战争中摸爬滚打的冯玉祥对此自然再清楚不过了，因而从孩子很小的时候开始，他就鼓励孩子自己做事，不要怕吃苦，不要怕挫折。多经历一些磨难，反而更容易让孩子形成坚定的性格。

现在的孩子都很聪明，然而多数孩子最后都没能获得成功，为什么？

原因就在于他们缺乏意志力，缺乏吃苦耐劳、坚持到底的决心。现代社会的竞争越来越激烈，每个人都要经受优胜劣汰的考验，这种考验不仅是智力上的，更是意志和毅力上的较量。孩子吃不了苦，遇到点挫折就退缩、放弃，自然也收获不到成功的果实，最终可能就真的沦为"废物点心"了！

所以，在孩子成长过程中，父母应有意识地让孩子吃点苦，并让孩子明白：吃苦并不可怕，劳动也不可耻，相反，在任何时候，劳动都是一件光荣的事，不仅能磨炼我们的意志，更能为我们赢得尊严。

2. 父母主动和孩子一起吃苦

父母是孩子的榜样，只会享受的父母也难以培养出一个能"吃苦"的孩子。所以，要想培养孩子的抗挫能力，父母就需要和孩子一起吃点苦。

其实，日常生活中可以与孩子一起"吃苦"的机会很多。比如，早晨和孩子一起参加晨跑，或一起打球、一起游泳，这样既可以增加与孩子沟通的机会，又能为孩子做好榜样。当孩子在寒冷的冬天早晨不想起床去上学时，父母不迁就孩子，而是与孩子一起顶着寒风，送孩子去上学。父母和孩子一起跑步，孩子跑一半跑不动，想要放弃了，父母不停鼓励，并最终陪孩子一起跑到终点。这些都可以在一定程度上锻炼孩子的意志力和毅力，提高孩子的抗挫能力，培养他们坚强的意志。

3. 不要为了吃苦而让孩子吃苦

有些父母一听说要训练孩子的抗挫能力，就开始对孩子进行简单粗暴的"劳其筋骨、饿其体肤"的训练，比如，大冷天非要让孩子用冷水洗澡；烈日炎炎，非要让孩子出去跑五公里……还有些父母，虽然家庭条件不错，但却对孩子十分苛刻，物质上对孩子极其吝啬，还美其名曰为"穷养孩子"，让孩子吃点苦头，将来才能成大器。

其实这样的苦难锻炼毫无意义，孩子不但难以坚持，还可能伤害到身心健康。因为在身体和心灵匮乏的情况下，孩子是很难跨越发肤之痛而去体会所谓的坚忍不拔的，甚至还可能适得其反。

经风雨见世面的孩子才能成才
——李嘉诚的"狠心"教育

李嘉诚是香港家喻户晓的人物，长江实业集团的创始人，曾多次登上福布斯全球华人富豪榜，甚至连续 15 年蝉联华人首富宝座。

虽然拥有无数的财富，并大力支持内地的公益事业，但李嘉诚在教育子女方面却十分严格。李嘉诚有两个儿子，长子李泽钜，次子李泽楷，虽然出生在大富大贵之家，但两个孩子却几乎没机会享受奢华的生活。

小时候，兄弟俩就读于香港圣保罗小学。这所小学里的孩子非富即贵，上下学几乎都是车接车送，满身名牌，但李泽钜和李泽楷两兄弟每天却要挤电车、巴士去上学。兄弟俩为此闷闷不乐，经常跟父亲抱怨，而李嘉诚则说："让你们坐电车、坐巴士，是为了让你们见识一下不同职业、不同阶层的人，能够看到最平凡、最普通的生活和人，那才是真实的生活、真实的社会。"李嘉诚是想通过这种方式让孩子们懂得，真正的生活是充满艰辛的，安逸和奢侈并不是生活的常态。

在李泽钜 15 岁、李泽楷 13 岁时，李嘉诚便将两兄弟送往美国留学。这就意味着，兄弟俩从此要离开父母，告别衣来伸手饭来张口的生活，独自面对陌生的环境，自行安排生活和学习了。

让孩子这么小就出国，到一个完全陌生的环境中去求学，李嘉诚是下了狠心的，望子成龙的他有自己的想法：让孩子们早些经受挫折，早些独立，胜过给他们提供舒适的"金窝银窝"。

事实证明，李嘉诚的"狠心"是正确的。后来，兄弟俩都以优异的成绩从美国斯坦福大学毕业。毕业后，兄弟俩都想在父亲的公司上班，结果却遭到了父亲的拒绝。李嘉诚对他们说："我想让你们凭自己的本事出去打江山，让实践证明你们是否够资格进我的公司！"

兄弟俩这才明白，父亲是想让他们到社会上历练历练，去经风雨、见世面，磨炼成才。于是，兄弟俩去了加拿大，李泽钜开了一家地产公司，李泽楷则成了多伦多投资银行中最年轻的合伙人。

兄弟两人在加拿大也遭遇了很多难以想象的困难，但他们都没有向父亲求助，因为他们知道，如果向父亲求助，父亲也一定会"冷酷"地拒绝帮助他们。兄弟俩也理解父亲的良苦用心，因此完全凭借自己的本事，将公司和银行业务办得有声有色，最终成为加拿大商业界出类拔萃的人才。

<<< 家教家风感悟

在教子过程中，正因为李嘉诚的"狠心"，才成就了儿子自强、奋发的品格。

可以说，对于儿子，李嘉诚不是不爱，只是对于儿子的成长和培养，李嘉诚的爱又是十分清醒，甚至是用心良苦的。他让儿子们多吃点苦，是为了磨砺他们的意志，丰富他们的阅历，让孩子懂得：只有经过风雨、见过世面，才能真正成长为一个意志坚定的人，也才能在未来真正扛起大任，做出成绩。

然而，现在很多父母对孩子却过于呵护，生怕孩子受一点苦，恨不得从孩子一出生开始，就把孩子的一生都铺垫好了。表面看，这是父母对孩子的爱，其实却剥夺了孩子自我成长和自我磨炼的机会，孩子未来的无限可能同时也被父母的"爱"抹杀了。

所以，要想让孩子独立、自强，同时具备坚定的意志，父母也应像李嘉诚一样，让孩子从小多经历一些风雨，多见见世面，这样的孩子才更容易成才。

1. 别让孩子成为被"抱大的一代"

每个人的一生都会有无数个台阶要跨越：学习、工作、生活等方方面面。对于孩子，父母是牵着他们的手扶上去，或者直接抱上去，还是鼓励孩子自己登上去？不同的父母应该会有不同的答案，但很显然，如果父母总是牵着、扶着孩子，就会令孩子产生依赖性，甚至将父母当成"拐棍"，难以独立，更别说成才了！如果父母总是抱着孩子，那结果就更糟糕了，孩子就会成为被"抱大的一代"，不经风雨，不见世面，未来更谈不上立足于社会了，会完全沦为"寄生虫"。

所以，智慧的父母既不牵着、扶着孩子，更不会抱着孩子，而是鼓励孩子独自去经历风雨，让孩子在风雨之中得到历练，增长知识和阅历，为自己未来的人生之路打下坚实的基础。

2. 对孩子过度保护其实是一种伤害

孩子在成长过程中，如果我们将磨难和体验全都省略了，一切都帮孩子包办了，看上去孩子的人生很顺利、很舒适，结果却令孩子变得软弱而闭塞，胆怯又无能。相信没有一个父母希望自己的孩子这样，那么请切记：不要过度保护孩子，给予孩子经历风雨的机会。只有这样，孩子才能真正成长起来。

3. 给孩子了解生活真相的机会

很多父母都会为孩子构建一个美好的童话世界，人人都友爱、合作、积极、乐观，然而现实世界毕竟不是这样的，也有很多不美好的东西，比如挫折、困难。如果父母不让孩子认识到这些真相，有一天当孩子独自走向社会时，可能就会对现实社会产生不真实的认识，继而做出一些错误的判断，给自己的生活和工作带来不好的影响。

让孩子尽早了解社会的真相，让他们既看到生活中美好的一面，也看到残酷的一面，并不是一件坏事。大人们往往低估了孩子的接受能力，害怕生活中不好的一面会伤害到孩子，其实孩子的接受和适应能力都是很惊人的，只要科学、正确地引导，不仅不会伤害孩子，反而可以帮助孩子更加全面地认识生活，也能够更好地面对未来生活中的挫折、困难等。

坦然面对人生的考验
——霍英东在实践中磨炼孩子

霍英东是香港著名企业家、社会活动家，曾荣获"中华慈善奖"、香港特别行政特区政府"大紫荆勋章"。

多年在商海打拼的经历，让霍英东意识到一个人的毅力、抗挫能力在社会生活中的重要性。因此，从子女很小的时候开始，他就有意识地培养孩子这方面的能力。

霍英东一直很重视孩子们身体素质的培养，因此专门为孩子们聘请了游泳教练。可很长时间过去了，孩子们竟然没学会，每次下水仍然要戴游泳圈！

霍英东很生气，他辞退了游泳教练，亲自教孩子游泳。孩子们拿掉游泳圈不肯下水，他就把孩子们一个个拉下水，逼着他们自己找游泳的窍门。结果没多久，孩子们就都会游泳了。

这件事让霍英东受到了很大启发，也让他认定：必须要让孩子们到实际生活中去锻炼自己。只有经历了挫折，才能更快地成长。

1968 年，霍英东的有荣公司获得了文莱首都斯里巴加湾市大型货柜码头的兴建权。霍英东经过认真思考后，认为这是锻炼儿子霍震霆的一个好机会。当时，霍震霆年仅 22 岁，刚刚从美国留学回来。于是，霍震霆带着 400 多人的队伍开赴文莱首都，去负责兴建码头的事项。

文莱位于赤道附近，常年湿热多雨，加上当时经济还十分落后，职工们到那里施工，不仅要面对许多工作和生活上的困难，还要面对霍震霆这个没有任何工作经验的年轻负责人，这样能行吗？面对大家的疑问，霍英东举了自己教孩子们学游泳的事例。他说："道理都是如出一辙的。不管在什么情况下，只有大胆放手，不瞻前顾后，才能经受得住考验。"

事实证明，霍英东的决策是正确的。霍震霆和职工们不负众望，克服了重重困难，最终胜利完工。而霍震霆和职工们勤奋工作、不畏艰苦的品质，也获得了文莱官方的高度评价。

<<< 家教家风感悟

霍英东教育子女的特别之处，就在于他会通过社会实践来锻炼孩子的心理承受能力，磨炼孩子们的意志，让孩子们将自己所学在实践中得到检验和应用。他深刻地认识到，孩子们从小没有经受过什么风浪，因而各方面都需要历练。因此只要有机会，他就会让孩子们好好锻炼自己，提高抗挫能力，获得人生经验。这种教子方法，让孩子们个个都变得很出色，日后也都成为能够独当一面的企业人才。

每个人的一生都会遭遇挫折，孩子也不例外。事实上，挫折是孩子成长的必修课，没有经历过挫折的孩子，长大后也会因为不适应激烈的竞争和复杂多变的社会而深感痛苦，就像一位儿童心理专家说的那样："有十分幸福童年的人，常有不幸的成年。"所以，今天的父母们也应该借鉴一下霍英东的教育方式，多让孩子到实践中去磨炼自己，让孩子从中学会坚强、学会勇敢、学会积极寻找解决问题的方法，为未来更好地适应社会、面对人生做好准备。

1. 敢于放手，给孩子充分锻炼的机会

面对孩子们不敢游泳的情况，霍英东"狠心"地把孩子们拉下水，逼

着孩子们学会了游泳。今天，能有多少父母可以做到这一点呢？

作为父母，我们爱孩子，这毋庸置疑，但与此同时，我们也要不断告诫自己：爱孩子一定要有理性，要做"敢于放手"的父母，这样才能让孩子有充分锻炼自我的机会，从而变得坚强、勇敢，不畏困难。

当然，在这个过程中，孩子也可能会产生失败、沮丧等情绪，父母要及时引导孩子，缓解孩子的心理压力和不良情绪。可以告诉孩子，这些挫折都是暂时的，很快就会过去，这就等于给了孩子希望和勇往直前的信心，让孩子更加有勇气去对抗眼前的困难。

2. 引导孩子去大胆尝试那些自己不熟悉的事物

德国著名儿童教育家舒马赫曾说："给孩子多多提供尝试的机会，也是实施挫折教育的有机组成部分。孩子一旦被剥夺了尝试的机会，也就等于被剥夺了犯错误和改正错误的机会，因此也不可能迈向成功之路。"

对于孩子来说，尝试是一种学习的机会，只有在不断的尝试中，孩子才能有所发现，才能学会各种本领，学会为人处世的各种方法，增强自信心，提高能力。

当然，在尝试一些新鲜事物时，孩子也可能会遭遇失败，但这些失败也可以让孩子从中吸取教训。此时，父母可以引导孩子总结失败的教训，然后重新寻找解决问题的方法。在这个过程中，孩子的抗挫能力会逐渐增强，解决问题的能力也会逐渐提高。

3. 多为孩子提供一些可以自己做决定的机会

孩子总要长大，总要离开父母的怀抱，独自走向社会，拥有自己的生活。既然未来的路要自己走，那么父母就应多为孩子提供一些机会，锻炼孩子从小自己做决定的能力。

比如，孩子想参加学校的几项体育比赛，又不知道该参加哪几项，这时你不能说："既然拿不定主意，就一项也别参加了。"而是应该引导孩子自己权衡一下：如果参加长跑的话，虽然比较累，但可以锻炼耐力；如果参加球类运动，虽然前期训练比较辛苦，但可以锻炼身体的灵活性，还有团队合作能力等。在与孩子一起权衡好后，再把决定权交给孩子，让他选择自己最擅长的活动。这就既帮孩子解决了难题，又提高了孩子自主决策的能力。

如果从小培养起这种能力，日后走向社会，不管遇到什么事，孩子都会学着去权衡利弊，最后做出最佳的决定。

遇到困难，鼓励孩子不放弃
——傅抱石教子坚持

　　傅抱石是我国现代著名画家、书法家，现代国画大师，有多部绘画作品传世，极其珍贵。

　　傅抱石不仅在艺术上成绩斐然，在教育子女方面也堪称楷模。傅抱石共有六位子女，全部都是当今画坛中的佼佼者。说起傅抱石的家教，后人认为，那都是从灵魂中生发出来，然后一点一滴地渗入孩子心灵的教育。在家里，孩子们可以尽情地讨论艺术、讨论绘画。家里来客人时，大家谈论的也都是哲学、艺术、人生等话题，至于那些家长里短、人物是非，是从不谈论的。这些都在无形中影响和熏陶了孩子们的人生观和价值观。

　　傅抱石的大儿子名叫傅小石，从小聪颖过人，在绘画方面很有天赋，后来顺利考入中央美术学院学习。然而还没等走出校门，傅小石就横遭厄运，一场风波给傅小石带来了沉重的打击，让他一度消沉，不再作画。由于当时各种条件限制，傅抱石只能想方设法借工作之机去看望儿子。当父子两人见面时，傅小石骨瘦如柴、表情拘谨，这让傅抱石十分心痛。但他仍然鼓励儿子："记住，不管到了什么时候，遇到什么困难，画画都是不能放弃的！"

　　在父亲的鼓励下，傅小石又重新拿起画笔，同时也坚定了继续画画的决心。从那以后，他白天勤恳地劳动，晚上便常常通宵达旦地作画，并且阅读了大量书籍，还出版了几部美术专著。

命运对傅小石似乎一直都不太公平，后来他又遭遇车祸、疾病，甚至半身偏瘫，即便如此，想起父亲的教诲，傅小石仍然没有自暴自弃，而是练习用左手画画写字。当傅小石的"左笔画"在香港展出时，人们都不敢相信，这样精彩的画作，竟然出自一位残疾人之手。

<<< 家教家风感悟

傅抱石在教子过程中，不仅注重通过日常的言行影响和熏陶子女，帮助子女树立积极的、正向的人生观和价值观，同时在孩子遇到困难时，还积极鼓励孩子不要放弃，要坚持自己的梦想。在这种家风的感染下，孩子们既形成了高尚的人格，又养成了不畏挫折、敢于战胜困难的坚定意志。

从小到大，每个人的人生路上都会遇到困难，而适度的困难不仅没有坏处，反而还可以磨炼孩子的意志，提高孩子的抗挫能力。英国哲学家培根就曾说过："超越自然的奇迹，多是在对逆境的征服中出现的。"可见，从小就培养孩子的抗挫能力、战胜困难的决心，是十分重要的。

1. 鼓励孩子面对挫折不退缩

傅小石的成功，一方面得益于自己的绘画天赋，更重要的是父亲傅抱石对他的鼓励和教导。

有时，孩子的意志力和自信心都是不够的，只有不断获得鼓励，才能在遇到困难时逐渐淡化和改变受挫意识，获得自信心。所以，当孩子遭遇困难时，父母应多给予孩子鼓励和支持，鼓励孩子不要被挫折打败，勇敢地迎击挫折，战胜自我，从而增加孩子继续尝试的勇气和信心。

当然，如果孩子在克服困难的过程中几经失败，父母也要根据实际情况给予孩子恰当的引导。比如，帮孩子分析遭受挫折的原因，找出失败的症结所在，然后引导孩子如何才能突破困难，走出困境；并让孩子体会到，挫折本身并不可怕，最重要的是勇敢面对。孩子在父母的这种引导下，也能忍受暂时的焦虑和不安，加强对困境和压力的容忍力，并有信心和方法去克服困难。

2. 跟孩子分享自己的遭遇与感受

孩子遇到困难时，内心的沮丧和焦虑可想而知，父母除了安慰和鼓励孩子之外，也可以跟孩子分享一下自己曾经的一些类似遭遇与感受，以及自己是如何调整情绪、重新出发的。

有些时候，孩子需要的也许并不是父母实打实的帮助，而是父母的理解和共情。当你耐心地与孩子分享自己的遭遇、感受及调整方法时，孩子就会从父母身上获得一种情感的满足和战胜困难的力量，从而产生战胜挫折的勇气。

孩子需要挫折的锤炼
——杰奎琳的"人格锤炼"教子法

杰奎琳是美国第 35 任总统约翰·肯尼迪的夫人，曾被称为美国人心目中最美的"第一夫人"。

杰奎琳与肯尼迪有一儿一女，儿子被人们称为小约翰。在小约翰三岁时，肯尼迪总统不幸遇刺身亡，之后教育子女的任务便落到在杰奎琳一个人的肩上。

肯尼迪去世后，杰奎琳带着一对儿女从华盛顿搬到纽约居住，两个孩子便开始在纽约上学读书。也许是过早失去父亲的原因，小约翰从小便很自卑、胆小，做事情也优柔寡断，很依赖母亲。杰奎琳觉得儿子这样的个性以后实在难以在社会上立足，就决定好好"锤炼"他一下。

当小约翰刚刚 11 岁时，杰奎琳就"狠心"地把他送到英国的德雷克岛，那里有一个"勇敢者营地"，专门用于训练一些人掌握特殊的本领。虽然一开始小约翰哭闹着不肯离开妈妈，但杰奎琳丝毫没有心软，还是坚决把儿子送到了那里。

不用说，小约翰在那里吃了不少苦，但同时他也学会了爬山、驾驶帆船等勇敢者的技能，既锻炼了胆量，又增强了意志力。

两年后，杰奎琳又将小约翰送到缅因州的一个孤岛上，让儿子在那里学习独立生活。这次训练一共 20 多天，而小约翰随身携带的东西只有一加仓水、两盒火柴和一本野外生存的书。但20天后，小约翰顺利完成了任务。

此后的几年中，杰奎琳又把小约翰送到肯尼亚的荒岛之中，继续锻炼他的野外生存能力。为了增加儿子独当一面的能力，她还把儿子送到危地马拉，让小约翰参加地震救灾的工作……

经过几年的艰苦锤炼，小约翰由原来那个懦弱、依赖的小男孩，成长为一个自信、勇敢、意志坚定的热血青年。

<<< 家教家风感悟

哪怕是美国的"第一夫人"，对子女也毫不娇惯，甚至创造机会让孩子去经受挫折、锤炼意志。自然，杰奎琳的这种"人格锤炼"教子法也收到了效果，小约翰成年后非常出色。

即使放在今天，很多孩子也很难吃得了小约翰当年所吃的苦，或者害怕吃苦。与此相应，许多父母宁可自己多吃苦，也不愿让孩子吃苦，甚至会想当然地认为，孩子长大后，自然就能具备坚强、勇敢、自立等精神品质了，现在只要学习好就行。可父母们为什么不想一下：孩子现在连自己洗袜子、洗衣服都不会，一切都依靠父母照顾，未来又怎么能独立面对困难、承担责任呢？

孩子的成长需要挫折的锤炼，只有经历过苦难、经历过挫折，才能培养起坚强的毅力和精神，就像俄国作家屠格涅夫说的那样："你想成为幸福的人吗？那么首先要学会吃苦。能吃苦的人，一切的不幸都可以忍受，天下没有跳不出的困境。"所以，如果父母真正希望孩子在未来获得幸福，现在就应该像"第一夫人"那样，舍得让孩子去吃点苦，"锤炼"一下孩子的人格和意志。

1. 父母要坚定自己的立场

从小养尊处优的小约翰，被母亲送到英国德雷克岛接受艰苦的训练，自然是极其不情愿的，但杰奎琳并没有因此而心软，而是坚定地将孩子送了过去。

作为父母，如果想对孩子进行有效的挫折训练，就必须坚定自己的立场，不能因为孩子哭闹就心软、妥协。当然，在坚定自己的立场时，父母也应注意自己的态度，尽量做到态度和蔼、语气平和、坚定，切不可恐吓、训斥孩子，伤了孩子的心。

2. 从"管"孩子向"放"孩子转变

在西方国家，父母对孩子大多都持"放"的教育态度。在他们看来，孩子就应该有他独立的人格和自强的品格，父母应该鼓励孩子去勇敢地探索，而不是把孩子关在家里管教。

与西方的父母相反的是，大多数中国父母喜欢"管"孩子，认为父母管孩子、照顾孩子是天职。让孩子出去勇敢探索，"那怎么行？""多危险啊！""多不务正业啊！""那是万万不可的！"结果，孩子都成了温室里的花朵，经不起风吹雨打！这样的孩子日后走向社会，又怎么能独当一面呢？

为此，我们不妨学学西方的父母，将自己的教育观念从"管"孩子向"放"孩子转变一下。连"第一夫人"都舍得"锤炼"孩子的人格，主动让孩子去吃苦，让孩子经历那么多挫折，我们还有什么舍不得的呢？

3. 及时排解孩子的心理压力

虽然我们一直强调应该让孩子经受点挫折、吃点苦，但孩子的年龄毕竟较小，心理承受能力不够强大，遇到困难产生心理压力也很正常。这时，父母要及时帮孩子排解心理压力，消除孩子的消极情绪，让孩子明白，眼前的困难都是暂时的，只要坚持下来，风雨过后总有彩虹。也可以跟孩子分享一下自己的一些吃苦经历，与孩子共情，让孩子感觉自己是被理解的，而且也能从父母的经历中获得鼓舞和动力，为最终战胜困境而继续努力。